AF355901

SUR L'EXPOSITION INTERNATIONALE

DE

PRODUITS ET ENGINS DE PÊCHE

A BERGEN

ET SUR LA PISCICULTURE EN NORVÉGE

(Août 1865)

RAPPORT A LA SOCIÉTÉ IMPÉRIALE D'ACCLIMATATION

Par J. L. SOUBEIRAN.

Extrait du Bulletin de la Société impériale zoologique d'acclimatation.

PARIS

VICTOR MASSON ET FILS

PLACE DE L'ÉCOLE-DE-MÉDECINE

ET AU SIÉGE DE LA SOCIÉTÉ

HÔTEL LAURAGUAIS, RUE DE LILLE, 19.

1866

EXPOSITION INTERNATIONALE

DE

PRODUITS ET ENGINS DE PÊCHE

DE BERGEN (Norvège).

Les questions relatives à la pisciculture et au développement de la production alimentaire sont l'objet de la constante sollicitude de la Société d'acclimatation. Aussi, lorsque le Conseil eut été informé que la Norvége avait ouvert une exposition internationale de produits et d'engins de pêche à Bergen, à l'imitation de ce qui avait eu lieu en 1861 à Amsterdam, décida-t-il qu'un de ses membres serait chargé de se rendre à Bergen pour recueillir tous les documents précieux qui seraient réunis dans cette exposition. En effet, il était intéressant pour notre Société de connaître les pratiques d'un pays essentiellement adonné à la pêche, pour les comparer à celles de notre pays et des autres contrées, au moment où deux expositions allaient s'ouvrir simultanément à Arcachon et à Boulogne, et servir, en quelque sorte, d'introduction à l'Exposition universelle, qui doit réunir, en 1867, à Paris, les produits du monde entier.

Chargé par la bienveillance du Conseil de me rendre à Bergen pour étudier l'exposition et recueillir tous les documents qui pourraient être de quelque intérêt pour notre Société, j'ai aujourd'hui le devoir de vous soumettre le résultat de mes observations. Mais avant d'entrer en matière, qu'il me soit permis de rendre un témoignage public de ma reconnaissance

1

envers MM. Rasch, Hetting, Baars, Rosenkilde, Defrance, et le regretté M. Schanche, qui m'ont fourni tous les renseignements qui m'étaient utiles, et ont bien voulu obvier, avec une complaisance extrême, aux difficultés que me créait mon ignorance de la langue norvégienne!

Bergen, qui fut autrefois la capitale commerciale de la Norvége, et qui dut surtout son importance, au moyen âge, à ses relations avec l'Angleterre et les villes hanséatiques, est encore aujourd'hui une des villes les plus florissantes de la Norvége. En effet, elle trouve sa vie, du côté de la mer, par ses immenses exportations de bois résineux et de poissons secs; favorisée qu'elle est par sa situation au fond d'un de ces fjords magnifiques, résultant des découpures si pittoresques de la côte, et par l'influence du *Gulf-stream* qui vient expirer non loin d'elle : en effet, les poissons viennent chercher dans ces mers intérieures un abri contre les fureurs de la haute mer, et y trouvent en même temps une chaleur propice qu'apporte le grand courant; aussi peut-on dire que la côte norvégienne possède les meilleures conditions pour une pêche abondante.

L'exposition était établie dans un vaste bâtiment qui doit renfermer les collections du musée de la ville, réunies jusqu'ici dans un local qui menace ruine. Nous devons signaler en passant l'intérêt que présente le musée de Bergen, qui renferme une collection précieuse et complète de la faune de la côte et des environs; elle est riche surtout en oiseaux marins et productions marines, et s'augmente chaque jour, grâce à la libéralité de ses habitants, qui s'empressent d'y déposer toutes les raretés et les curiosités qu'ils peuvent posséder. A peu de distance du bâtiment de l'exposition, un vaste bassin servait d'annexe, et contenait des modèles des diverses sortes de barques.

En entrant dans le musée, on trouvait d'abord au rez-de-chaussée les machines encombrantes qui servent à l'exploitation du poisson, telles que glacières, appareils à huile, etc.; les divers produits tirés des poissons, tels que conserves, huiles, engrais, etc. Le premier étage était presque entièrement occupé par les exposants norvégiens, suédois et hollan-

dais; l'Angleterre occupait un appartement au deuxième
étage. Quant à la France, elle n'avait que quelques spécimens
réunis dans une pièce du rez-de-chaussée ; mais si elle comp-
tait peu d'exposants, elle n'en a pas moins été remarquée, et
ses produits appréciés, car presque tous ont été achetés sur
place, et plusieurs récompenses sont venues témoigner de
leur mérite. Somme toute, l'Exposition internationale de Bergen était par le fait presque exclusive aux contrées du nord
de l'Europe, et nous avons regretté qu'un si petit nombre de
nos compatriotes eût répondu à l'appel qui leur était fait ;
nous eussions, en particulier, voulu trouver à Bergen quelques-uns des produits de la pêche de nos Bretons, qui demandent à la Norvége chaque année d'énormes quantités d'appâts
(*rogue*) pour leur pêche de la sardine.

PISCICULTURE.

La Norvége, dont les eaux douces offraient autrefois des
richesses ichthyologiques surprenantes, a vu, à la suite de
pêches faites sans discernement et sans mesure (1), ses rivières
les plus poissonneuses devenir stériles et ne plus donner que
des produits insignifiants. Mais elle a trouvé dans les pratiques de la pisciculture, devenue une science féconde par les
travaux de notre confrère M. Coste, le moyen efficace de
remédier à cet appauvrissement, et, par leur application rai-
sonnée, elle a pu résoudre, de la façon la plus heureuse, le
problème de rendre aux eaux leur ancienne fertilité. Grâce
aux premiers travaux de M. le professeur Rasch (2), et plus

(1) Il faut chercher la raison de la diminution des pêches en Norvége dans
la pêche destructive de l'automne et dans l'emploi des filets traînants ou
seines (en norvégien, *not*), dont on a diminué les mailles, déjà trop petites
dès l'origine. Dans la plupart des lacs, on a diminué la dimension des mailles
aussitôt que, par suite d'une pêche faite sans discernement, les lacs ont commencé à donner des produits moins abondants. Il en est de la pêche comme
de la coupe des bois, tant qu'on trouve à vendre les produits, les dimensions vont toujours en diminuant. Il serait facile de citer un grand nombre
de lacs qui autrefois ont fourni de poisson des districts entiers, et dans lesquels aujourd'hui le produit de la pêche couvre à peine les frais. (Hetting.)

(2) H. Rasch, *Om Midlerne til at forbeite Norges Laxe-og ferfkvands-
fiskeriet.* In-8°, 1857.

tard à ceux de M. Hetting (1), la disette a fait place à l'abondance, et aujourd'hui non-seulement les eaux, autrefois dépeuplées, offrent une riche récolte aux pêcheurs, mais certains lacs, qu'en raison même de leur stérilité on disait *morts*, fournissent des masses considérables de matière alimentaire. Cette richesse nouvelle du pays est, en grande partie, l'œuvre de S. M. Charles XV, qui a secondé de tout son pouvoir la régénération des eaux, en accordant à la pisciculture cette protection éclairée qui est toujours assurée par Sa Majesté aux sciences et aux arts, qu'Elle-même cultive avec succès. En effet, depuis 1852, des agents nationaux (2) sont chargés de présider à la multiplication des races de poissons les plus utiles, au moyen de l'éclosion artificielle, et de donner aux paysans les instructions nécessaires pour qu'ils puissent eux-mêmes organiser avec profit des établissements de pisciculture (3).

De tous les poissons sur lesquels ont porté les expérimen-

(1) Hetting, *Kortfattet Beiledning for-dem, der ville indrette Udklœkningsanlœg for de vinterlegende ferskvandsfiske*. In-8°, 1863. — Hetting, *Rapport au Storthing en 1865 sur les progrès de la pisciculture en Norvége depuis le 21 juin 1862.*

(2) Le gouvernement a nommé un superintendant des pêches, M. Hetting, et deux assistants, MM. Maalde et Abel, chargés, l'un du Christiansand-stift et du Bergen-stift, et l'autre des Trondhjem-stift, Finmark et Norland.

(3) Pour arriver à améliorer la pêche de l'intérieur, on a établi des appareils dans les localités suivantes, qui ont donné les éclosions suivantes :

		Salmo fario.	Salmo alpinus.	
Folgsoën en Tolgen.	1862-63. .	20 000	»	L'appareil a été établi en 1861 par
—	1863-64. .	15 000	»	le propriétaire ; il a été changé de
—	1864-65. .	12 000	»	place et très-agrandi en 1862.
Rösten en Tönset.	1863-64. .	24 000	22 000	Appartient à plusieurs propriétaires.
—	1864-65. .	»	»	Non peuplé, faute d'œufs.
Rolfstad à Nœs (Rommerige).	1864-65. .	16 000	»	Destinés à peupler un *lac mort*.
Rör à Nœsodden.	1863-64. .	8 000	»	Id.
—	1864-65. .	15 000	»	Id.
Kloptjern.	1864-65. .	25 000	»	Appartient à la ville de Drammen.

Nous pourrions citer encore un grand nombre de localités (plus de 100) où des essais de ce genre ont été faits avec succès ; il est utile de remarquer que les résultats peuvent varier d'année à année par suite de circonstances diverses, mais le plus souvent parce qu'on n'a pas suivi exactement les prescriptions données pour soigner les œufs. (Hetting.)

tations, le meilleur est, sans contredit, le *Salmo salar*, et c'est aussi l'espèce qui a été l'objet des tentatives les plus sérieuses. Le Saumon, autrefois très-commun dans presque toutes les rivières de la Scandinavie, avait sensiblement diminué de nombre depuis plusieurs années, à tel point que plusieurs fois on nous a dit, en Norvége, que les rivières étaient littéralement dépeuplées (1).

Pour remédier à ce fâcheux état de choses, les propriétaires riverains de plusieurs fleuves (le Drams-elv, le Laagen-elv, le Mandals-elv (2), le Topdals-elv, près de Christiansand, et le Haa-elv, sur Fœderen (3), se sont réunis et ont formé des associations pour verser, chaque année, dans chacun de ces cours d'eau, plus de 200 000 Saumons éclos dans des appareils : ils ont pu ainsi rendre la pêche des provinces de Christiania, Christiansand et Bergen aussi fructueuse que par le passé. Pour obtenir ce résultat, on a organisé, sur le bord des rivières, des bassins latéraux alimentés par une dérivation, et disposés de façon à offrir les conditions les plus favorables à la *fraye* : on y dépose des Saumons mâles et femelles près d'accomplir l'acte physiologique qui doit assurer la reproduction de leur espèce, et l'on recueille avec soin les œufs, qui ont été ainsi

(1) Nous tenons cette assertion, entre autres, de M. le professeur Rasch, qui a bien voulu dérober quelques instants à ses nombreux travaux, pour nous fournir de précieux renseignements sur la pisciculture norvégienne.

(2) Dans le Drams-elv, le Mandals-elv et le Laagen-elv, le produit de la pêche, dans ces dernières années, a été de beaucoup supérieur (le double ou le triple des dernières vingt années), et chaque année presque on constate un accroissement dans la production. On doit attribuer une grande partie du résultat obtenu à l'inspection sévère qui est organisée sur ces rivières pour surveiller la pêche et pour empêcher celle de l'automne. (Hetting.)

(3) Dans le Topdals-elv et le Haa-elv, l'éclosion artificielle a eu une influence plus marquée encore que dans les rivières sus-dénommées pour augmenter la population des poissons, comme en témoignent des rapports adressés à M. Hetting. En effet, depuis qu'on y a versé de l'alevin fourni par la fécondation artificielle, le nombre des Saumons a singulièrement augmenté, surtout celui des petits Saumons. Un fait à noter, c'est que l'augmentation du nombre des poissons a fait augmenter le prix, parce qu'alors les Anglais ont trouvé leur compte à acheter et à exporter le Saumon, qu'ils expédient conservé dans la glace. (Hetting.)

fécondés dans des conditions les plus semblables à celles de la nature. Ces œufs, placés dans des appareils alimentés par de l'eau de source (1), y accomplissent toute l'évolution embryonnaire. L'alevin qui en provient, est conservé dans les appareils, jusqu'à ce qu'il ait résorbé sa vésicule germinative ; puis, il est parqué dans de petits bras de rivières ou des bassins circonscrits dans lesquels la surveillance est facile, et permettent de se garer de l'influence fâcheuse des trop nombreux ennemis qui menacent de toutes parts ces frêles créatures, et où l'on peut, sans trop de frais, leur donner une nourriture abondante. Les jeunes poissons passent successivement dans des bassins de plus en plus spacieux, jusqu'à l'âge de dix mois à deux ans, époque où on les lâche dans les cours d'eau qu'on veut empoissonner. Les résultats obtenus ainsi sont merveilleux, car les élèves sont en liberté alors seulement qu'ils sont assez développés pour éviter l'atteinte du plus grand nombre de leurs ennemis, redoutables surtout pour leur premier âge (Rasch).

Ce n'est pas seulement le repeuplement des fleuves qui a été l'objet de semblables travaux, mais on a cherché également ment à élever et à acclimater le Saumon dans des lacs d'eau douce, d'où il lui est impossible de gagner la mer, contrairement aux habitudes instinctives de son espèce. Le succès a couronné l'entreprise, car on a obtenu assez promptement (bien que la croissance soit moins rapide), dans plusieurs lacs, surtout ceux qui offrent une grande superficie, des résultats satisfaisants, et en peu d'années on a pu pêcher ainsi des poissons qui pesaient jusqu'à 23 marks norvégiens (8 kilo-

(1) La température des sources employées pour l'incubation varie de + 2° Réaumur (+ 3° centigrades) à + 4° et demi Réaumur (+ 6° centigrades). Dans les contrées basses, on fait toujours usage de l'eau de source, celle des fleuves devenant trouble et se refroidissant trop pendant son parcours. Dans les régions élevées, au contraire (2000 à 3000 pieds d'altitude), où il existe de nombreux appareils, l'eau des fleuves est en général parfaitement pure, et la température reste, même dans les hivers les plus rigoureux, égale à celle des sources des contrées basses. Dans le cas où l'eau de source est trop chargée d'acide carbonique, on obvie à cet inconvénient en dissolvant le jet d'eau en gouttes, avant de le faire arriver sur les œufs. (Hetting.)

grammes environ) (1). Ces Saumons se distinguent facilement de ceux qui ont pu émigrer à la mer, par leur chair moins rosée et leurs écailles moins brillantes; mais, malgré cela, leur qualité alimentaire n'est pas inférieure à celle de leurs congénères, qui, pouvant obéir aux lois de la nature, vivent alternativement dans les eaux douces et dans les eaux salées (Rasch).

D'après M. Hetting, ces expériences ne sont pas encore assez concluantes pour que l'on puisse se prononcer d'une manière absolue sur la valeur de cette pratique; il leur manque la sanction du temps, pour savoir si le Saumon des lacs conservera ou perdra, après plusieurs générations, ses qualités primitives. Cependant elles réfutent l'erreur des Anglais, qui nient que le Saumon puisse vivre plus de deux ans et quelques mois exclusivement en eau douce, car on a pu conserver de ces poissons pendant plus de cinq ans dans des viviers, où ils ont prospéré et atteint le poids de 5 et 6 marks à 16 et 18 (de 2 kilogrammes à 6 kilogrammes environ).

La première expérience (2) d'introduction du Saumon et de la Truite de mer (*Salmo trutta*) dans des lacs d'où ils ne peuvent gagner la mer, a été faite, au printemps de 1857, dans un étang de Vefferstad, à Lier, près de Drammen. On y déposa une certaine quantité d'alevins qui avaient pris naissance dans un appareil à incubation, et ces poissons y vécurent convenablement : le développement se fit cependant avec une grande lenteur ; car, pendant l'été de 1862, c'est-à-dire alors qu'ils avaient atteint l'âge de cinq ans, ils ne pesaient qu'environ une livre et demie. Ceci doit être attribué plutôt au manque de nourriture dans un étang qui n'a que 533 yards carrés (487^{mq},162) de superficie, qu'à la privation de l'eau salée, comme le prouvent les autres expériences rapportées par M. Hetting. Sans valoir la Truite de mer de même poids, ayant vécu dans les conditions normales, la chair de

_____

(1) Des expériences de ce genre ont été faites avec un grand succès dans le lac Wettern (Suède). (Rasch.)

(2) Hetting, *The breeding and growth of Salmon confined to freshwater lakes* (*The Field*, 1865. — *The Australasian*, 7 July 1865.)

celles qui furent pêchées à Vefferstad était bonne, et au moins aussi bonne que celle de la Truite d'eau douce. Ces Truites, de même que les Saumons, avaient la chair blanche et semblable à celle des autres poissons d'eau douce.

Ce n'est pas par l'empêchement apporté à l'obéissance du poisson à l'instinct qui le porte à retourner à la mer, qu'on doit expliquer le mauvais succès de l'expérience de Vefferstad, mais à l'insuffisance de nourriture, car M. Hetting lui oppose l'expérience inaugurée en 1856 dans les deux lacs Siljevandene, et qui lui a donné des poissons de dimensions plus grandes et de saveur beaucoup plus délicate. Cette comparaison ne permettra à personne de nier l'influence d'une abondante nourriture, et de contester la haute valeur de pareilles tentatives, non-seulement au point de vue purement spéculatif de la science, mais aussi et surtout pour la pratique. Les lacs Siljevandene, situés près de Laurdal, dans le district de Laurvig, ont environ 4 milles anglais de superficie (6 kilom. 437^m,20) et reçoivent les eaux d'une rivière. On y déposa d'abord 2000 alevins de Saumon et une grande quantité de Truites de mer jeunes, provenant d'incubations artificielles faites à Laurdal ; puis, plus tard, 200 à 300 jeunes Saumoneaux. Autrefois les seuls habitants de ces lacs, élevés de près de 300 mètres au-dessus du niveau de la mer, étaient des Vérons, des Grenouilles et une multitude de ces insectes qui abondent en général dans les eaux peu profondes : tous ces animaux fournirent une ample pâture aux Saumons et aux Truites de mer, qui se sont parfaitement développés. Pendant l'été de 1863, on a pêché quelques Saumons, dont les plus gros pesaient 4 marks et demi (1500 grammes environ), tandis que les Truites les plus fortes atteignaient à peine 2 marks et demi (8 à 900 grammes); en 1864, on a pris un Saumon du poids de 8 marks (9 kilogrammes environ).

M. Hetting a institué une autre expérience dans le grand lac de Holtsfjord (Ringerike), qui communique avec le Tyrifjord : ces lacs, qui ont plus de 30 milles anglais (48 kilom. 279 mèt.) de long, étaient, avant 1857, peuplés d'une quantité de *Salmo fario, Salmo alpinus, Coregonus lavaretus,*

Perca fluviatilis, *Esox lucius*, *Abramis brama*, et de quelques autres espèces plus petites, qui leur fournissaient une abondante pâture. Au printemps de 1857 et de 1858, on y jeta de 15 000 à 16 000 jeunes Saumoneaux, qui s'étaient développés dans un appareil établi sur les bords du Holtsfjord. Trois ou quatre ans plus tard, on pêchait déjà des *Grilse* (jeunes Saumons), et depuis, en 1863 et 1864, on a pris des Saumons de 9 à 11 marks (3 kilogrammes à 4 kilogrammes).

D'une autre part, un paysan du district de Storen (province de Trondhjem-sud), ayant pêché dans la rivière de Guul une certaine quantité de Saumons et de Truites de mer, les jeta dans les deux petits lacs de Söranaes, dans lesquels il n'y avait aucun poisson, et qui aujourd'hui fournissent abondamment des Saumoneaux et des Truites de mer.

Ces succès ont encouragé à persévérer, et aujourd'hui la pisciculture pratique a pris possession de l'antique Norvége, où elle est appréciée à sa juste valeur. Vingt-cinq lacs déjà, comme le témoigne le rapport officiel de M. Hetting au Storthing de cette année (1), ont été ensemencés de poissons et

(1) D'après le Rapport officiel de M. Hetting, superintendant de la pisciculture en Norvége, les lacs suivants, où auparavant il n'y avait pas de poissons du tout, ou au moins très-peu, ont été peuplés de poissons élevés artificiellement. Dans ceux de ces lacs qui ne possédaient aucun poisson, on en a déjà pêché pour la nourriture, c'est-à-dire qui pesaient un demi-kilogramme chacun ; dans les lacs qui étaient déjà empoissonnés, et où on a mis de l'alevin élevé artificiellement, la pêche a augmenté sensiblement.

1° Svartljernet, près Röraas, avec Truites et Lavaret en 1862 ;

2° Gammelvoldtjernet, avec des Truites en 1862 et 1863 ;

3° Torbngtjernet, avec du *Salmo alpinus* en 1863 ;

4° Taraldstjernet, avec du *Salmo alpinus* en 1863 ;

5° Trois petits lacs, avec des Truites et du *Salmo alpinus* en 1863 ;

6° Rensoin, avec des Truites en 1863 ;

7° Kjeraastjernet, avec des Truites en 1863 ;

8° Pinstjernet, avec des Truites en 1863 ;

9° Svastaartjernet, avec du Saumon en 1861 ;

10° Blantstjernet, avec du *Salmo alpinus* en 1862 ;

11° Hagstjernet, avec des Truites en 1863 et 1864 ;

12° Stastjernet, avec des Truites en 1862, 1863 et 1864. En 1862, on

donnent déjà de riches moissons. Si, dans certains cas, il n'a pas été possible de suivre d'une manière continue, en quelque sorte jour par jour, le développement graduel des poissons, toujours, après un certain laps de temps, les pêcheurs ont pris dans leurs filets des Saumons d'une taille notable, et qui jusqu'alors avaient pu passer à travers leurs mailles.

Du reste, on a observé que les Saumons (et les Truites de mer), conservés dans des viviers d'eau douce, prenaient, bien que recevant une abondante nourriture, moins de développement que les poissons du même âge qui avaient pu gagner la mer (1), et tout porte à penser que l'éducation du Saumon ne pourra se faire avec profit (bien que n'ayant pas d'aliments autres que ceux qu'il trouve dans les lacs) que dans des lacs ou bassins profonds et de grande superficie.

M. Hetting a eu aussi l'idée de faire l'expérience inverse (2), c'est-à-dire de parquer des Saumons à la mer; mais malheureusement des circonstances indépendantes de sa volonté ne lui ont pas permis jusqu'ici de réaliser ce projet, dont l'exé-

marqua 15 petits poissons élevés dans un appareil près du lac, et l'on prit en 1864 deux de ces poissons marqués, qui pesaient chacun plus d'un demi-kilogramme.

13° Söndervïktjernet, avec des Truites en 1862 et 1863;

14° et 15° Trois lacs, avec du *Salmo alpinus* en 1862 et 1863;

16° Un lac, avec des Truites en 1863 et 1864;

17° Un lac du Dalsbygden, avec des Truites en 1863 et 1864;

18° Un autre lac du Dalsbygden, avec des Truites en 1863 et 1864;

19° Aastjernet, avec des Truites en 1863;

20° Stortjernet, avec des Truites en 1863;

21° Midstjernet, avec des Truites en 1863.

(Note communiquée par M. H. Baars, secrétaire de l'Exposition de Bergen.)

(1) M. Iver Kuraas, aide de M. Hetting, ayant jeté, dans l'été de 1861, dans le lac de Stortjernet, près de Sjovold, une quinzaine de jeunes *Salmo fario* auxquels il avait fait une marque à la nageoire, plusieurs de ces poissons ont été pêchés en 1865, pesant 500 grammes environ.

Les plus gros *Salmo fario* et *Trutta* récoltés ont pesé seulement 3 kilogrammes en quelques années; mais la multiplication a été assez grande pour compenser cet inconvénient, puisque les eaux de ces lacs sont devenues très-abondantes en poisson. (Hetting.)

(2) Hetting, *Salt-water apparatus for Salmon and sea-Trout.* (*The Field*, 1865. — *The Australasian*, 4 Aug. 1865.)

cution est possible, si l'on s'en rapporte à une expérience faite,

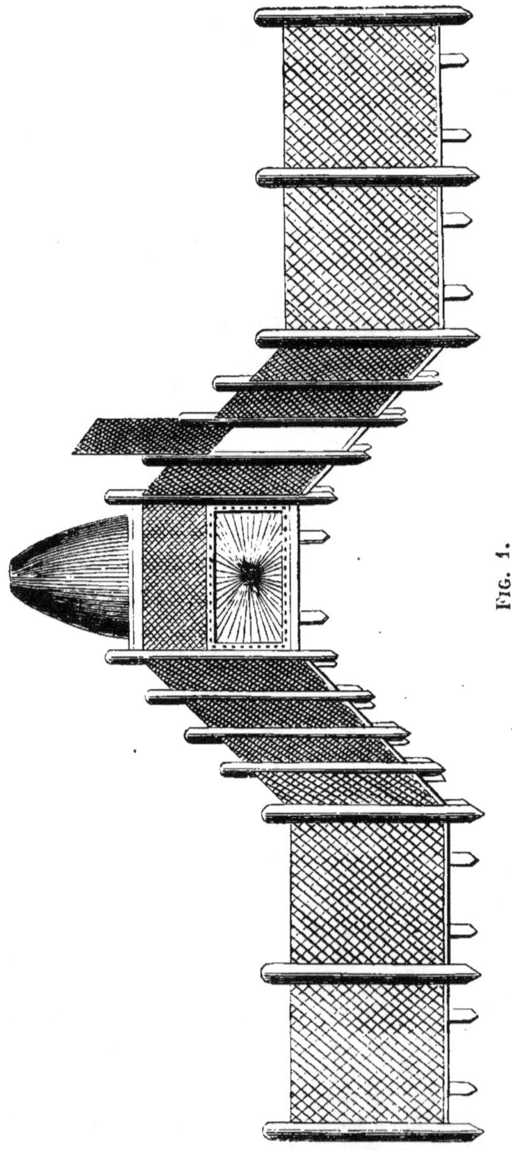

il y a quelques années, en Angleterre, dans le but de suivre

le développement du Saumon et de la Truite de mer, et de
constater quelles dimensions ces animaux pourraient acqué-
rir. Deux étangs voisins de la mer avaient été choisis à cet
effet : l'un d'eux, le supérieur, qui communiquait avec un
ruisseau, reçut l'alevin jusqu'au moment où il fut en âge
d'émigrer à la mer (les Anglais le nomment alors *Smolt*, les
Norvégiens *Blinke*), c'est-à-dire jusqu'à ce qu'il eût atteint la
longueur de 5 à 6 pouces, et le poids d'une once et demie
à deux onces et demie. Le poisson passa alors, au moyen
d'une tranchée qui établissait la communication, dans l'étang
inférieur, qui était alimenté d'eau de mer au moyen d'un
tuyau de fonte de 10 pouces de diamètre, fermé par une toile
métallique : à chaque marée, de notables quantités de fretin
d'espèces marines pénétraient dans l'étang et étaient happées
au passage par les Saumons, qui pesaient déjà une livre et
demie quand ils furent enlevés, dix mois plus tard, par la
malveillance. Bien qu'incomplète, cette expérimentation n'en
prouve pas moins qu'il y aurait grand avantage à parquer en
eau de mer les Saumons, puisqu'ils y trouvent toujours une
grande quantité de matière alimentaire : en effet, le fretin et
les petites espèces tendent toujours à se réfugier dans les
baies et les anses pour échapper à la poursuite incessante des
gros poissons, qui s'en nourrissent. M. Hetting, qui a pensé
à utiliser la profusion de nourriture qui se trouve ainsi accu-
mulée dans certains fjords de la Norvége susceptibles d'être
fermés, a imaginé un appareil (fig. 1) figurant à l'exposition
de Bergen, et qui permet la libre entrée du poisson dans les
espaces clos : il peut donc servir à la fois de moyen de pêche
et de réservoir au poisson (1). Cet appareil consiste en une
muraille formée par une série de piliers de fonte, dans lesquels viennent se glisser des vannes mobiles de toile métallique ; le panneau central, placé au fond d'un angle, qui assure
l'entrée des poissons, est muni à sa base d'une sorte de cage,

(1) En ce moment on fait construire un de ces appareils à Ladefjord, près
de Bergen, pour enclore une baie de près de 800 mètres carrés, qui paraît
réunir de très-bonnes conditions, et probablement un autre s'établira d'ici
à peu de temps à Vestlandet. (Hetting.)

que nous ne saurions mieux comparer qu'à une nasse, et qui permet au poisson d'entrer, mais non de rétrograder. Le Saumon qui trouve cette barrière ne pourra gagner la pleine mer, mais, vivant dans l'eau salée et y rencontrant une quantité considérable de nourriture, il y acquerra certainement les mêmes qualités que s'il eût été complétement libre; et, lorsque le temps sera venu de remonter en eau douce, il entrera dans le ruisseau qui se jette dans le fjord. Bien que restant toujours à la disposition du pêcheur, qui le tient enfermé dans ses domaines, le poisson trouvera cependant les conditions de sa double existence d'anadrome, et prendra facilement les dimensions auxquelles il doit normalement arriver (1).

Ce n'est pas seulement sur le *Salmo salar* que des expériences ont été faites en Norvége, mais aussi sur plusieurs autres espèces de Salmonidés, et en particulier, comme nous l'avons déjà dit, sur le *Salmo trutta*, dont les diverses variétés, *Salmo fario*, *Salmo ferox*, *Salmo lacustris*, *Salmo maculatus*, ont été décrites à tort, d'après M. le professeur Rasch, comme des espèces distinctes. Quant à celui-ci, mis en eau douce, il grandit et prend en un temps assez court une taille convenable pour la pêche : on a même observé que, généralement, il se développe mieux et plus vite dans les étangs que le Saumon, et tout fait supposer qu'avec le temps, ce suprême régulateur, on pourra le transformer en une espèce véritablement d'eau douce (Hetting). Malgré les affinités que la Truite de mer semble offrir avec le *Salmo alpinus*, l'expérience a démontré qu'il était dangereux de tenter son introduction dans les eaux où se trouve déjà ce Salmonidé. En effet, le *Salmo alpinus*, dont les mœurs diffèrent le plus de celles de tous ses congénères, dépose ses œufs en automne, dans des eaux profondes, sur les pierres du fond des lacs et

(1) M. Hetting croit pouvoir aussi employer cet appareil pour former des réserves de poisson de mer, qui pourraient y entrer à toutes les saisons de l'année, et parmi lesquels il signale particulièrement le *Clupea harengus*, le *Clupea sprattus*, les *Gobius niger*, *Ruthenspœri* et *minutus*, et l'*Anguilla lati*.

de l'embouchure des torrents; et son alevin, déjà grand, lorsque vient la saison de frayer pour le *Salmo trutta*, c'est-à-dire l'été, en Norvége, fait une chasse active aux œufs que celui-ci a déposés dans les eaux les moins profondes des lacs, et dans les parties les plus élevées des torrents, et plus tard poursuit sans relâche l'alevin qui vient d'éclore. Il faut donc éviter autant que possible de mettre le *Salmo alpinus* dans les eaux qui renferment déjà de la Truite, car celle-ci serait gênée dans son développement, et offre le double avantage d'une pêche plus prolongée et d'une chair plus délicate (Hetting).

Malgré cette espèce d'antipathie qui semble exister entre ces deux poissons, on n'en a pas moins tenté, et avec succès, d'en obtenir des métis, comme nous avons pu le vérifier à Stavanger, chez M. Hanson. Ayant à sa disposition un bassin naturel d'environ 220 pieds (67 mètres environ) de superficie, et dans le voisinage quatre sources (1) fournissant chacune 400 à 500 litres d'eau par vingt-quatre heures, M. Hanson a pensé à les utiliser pour faire des expériences de fécondation artificielle sur des Truites ordinaires d'abord. Mais, ayant appris, pendant un voyage en France, que M. Coste avait fait des essais de métissage, il eut l'idée de les répéter, et crut que les deux espèces les plus favorables pour de pareilles tentatives étaient le *Salmo trutta* (var. *fario*), et le *Salmo alpinus*. Se servant alternativement de l'une ou de l'autre espèce comme mâle, il féconda ainsi des œufs qu'il plaça dans un appareil à éclosion, les laissant recouverts d'environ 2 à 3 centimètres d'eau. Lorsque l'alevin est formé, il est déposé dans un compartiment de l'appareil, qui offre environ 15 centimètres d'eau, et où il reste près de six semaines sans prendre de nourriture, la nature y ayant pourvu par sa vésicule germinative, qui se résorbe peu à peu. Après cette époque, l'alevin est nourri avec des œufs durs hachés très-fin (un œuf suffit

(1) La température des sources était, le 27 novembre 1865, de 6°,5 Réaumur (8°,1); celle des lacs variait entre 4°,25 Réaumur (5°,3) et 5°,25 Réaumur (6°,5). (*Lettre de M. Rosenkilde, consul de France à Stavanger.*)

pour 15 000 à 20 000 petits poissons). Cette nourriture est
continuée jusqu'au printemps, et, lorsque la température s'est
assez adoucie pour que l'eau du bassin se soit élevée de quelques degrés au-dessus de celle de l'appareil, M. Hanson trans-
porte ses jeunes élèves dans une caisse de bois, fermée par
une toile métallique et placée dans le premier bassin au point
d'émergence de la source qui l'alimente. Le poisson y reste
un mois environ avant d'être lâché dans le bassin : il reçoit
alors, comme pendant toute la première année, pour nourriture, des œufs durs et des détritus d'entrailles de veau et de
poisson hachés très-fin. La seconde année, il passe dans un
second bassin plus vaste, où il se nourrit principalement de
jeunes mollusques (*Physa cornea*) dont on a peuplé ce réservoir à cette intention, et dont il se montre très-friand ; il a
alors de 6 à 7 pouces (15 à 16 centimètres) de longueur. La
troisième année, il atteint de 9 à 12 pouces (25 centimètres
environ) et est mis dans le bassin naturel. Un métis, âgé de
quatre ans, mesurait 19 pouces (48 centimètres). Ces animaux
ainsi obtenus par M. Hanson, qui ont une chair blanche assez
délicate, ont commencé seulement cette année à manifester la
formation d'œufs et de lactance ; aussi ce patient observateur
ne peut-il encore savoir si ses métis pourront former une race
nouvelle qui se reproduira.

Quant à la Truite ordinaire (*Thymallus vulgaris*), qui
abonde dans toute la Norvége et y reproduit beaucoup, son
élevage est avantageux, surtout dans les eaux qui en contiennent déjà ; mais on ne pense pas qu'il y ait avantage à l'introduire dans les localités où se trouve le *Salmo trutta*, car
partout où elle existe, celui-ci est peu abondant, et quelques
observations tendent à démontrer qu'elle en détruit beaucoup
d'alevin, qui naît plus tard que le sien. La Truite ordinaire
fraye en mai dans les cours d'eau à fond pierreux ou sablon-
neux, et dans les lacs des hautes montagnes.

On a fait quelques expériences sur l'empoissonnement par
la Perche (*Perca fluviatilis* et *Lucioperca*) et sur le Brochet
(*Esox lucius*) ; mais leur valeur moindre que celle des poissons précités fait qu'on y a donné moins d'importance, et que

les pisciculteurs norvégiens ont négligé de noter les conditions qui leur seraient le plus favorables. Cependant on a vu que le Brochet se développe rapidement dans les lacs où il a été introduit, principalement dans les plus inférieurs ; mais sa voracité, qui en fait le fléau, l'Attila, allions-nous dire, des autres espèces, a arrêté sa propagation et le rend encore assez rare.

Le *Coregonus albula*, si abondant dans le Mjosen (1) et dans une partie du Laagen (Faaberg), n'a pas encore été bien étudié par les pisciculteurs norvégiens pour que l'on puisse déterminer les meilleures conditions de son développement. On sait seulement que ce poisson, dont les œufs ne mûrissent pas simultanément (2), fraye au commencement d'octobre, sur des pierres ou des graviers, tantôt dans l'eau courante, tantôt dans l'eau stagnante, et que, pendant une partie de l'année, il se tient dans les eaux les plus profondes. Sa nourriture consiste en larves d'insectes et petits Gammaridés (3) (*Môdfly*), dont il fait une énorme consommation. Des essais de multiplication ont été faits dans des lacs très-grands et très-profonds, et dans des fjords intérieurs, mais l'étendue même de ces lacs ne permet pas de savoir, avant quelques années, quels résultats seront obtenus ; cependant, on a déjà vu des alevins d'une certaine taille dans le Tyrifjord et le Randsfjord, où ont été faites les premières expériences. Quant aux tentatives de fécondation artificielle, jusqu'à présent les résultats n'ont pas été très-satisfaisants (non plus que pour le Lavaret) ; mais cela tient peut-être à ce que l'alevin ne trouvait pas en quantité suffisante les infusoires dont il se nourrit, dans l'eau des

(1) Dans le Mjosen, où la grande pêche se fait de juin à août, le rendement a été, dans ces dernières années, de 400, 800 et 1000 tonnes par an. (Hetting, *loc. cit.*, p. 44.)

(2) Dans le *Coregonus albula*, contrairement à ce qui se passe dans les Saumons, les œufs ne sont pas tous mûrs en même temps ; aussi faut-il prendre la précaution, dans les expériences de fécondation artificielle, de ne les faire sortir qu'à plusieurs reprises. (Hetting, *idem*, p. 26.)

(3) Les intestins du *Coregonus albula*, examinés aux mois de juin et août, n'ont jamais renfermé que ces débris, et surtout ceux des Gammaridés. (Hetting, *ibidem*, p. 42.)

sources qui alimentent les appareils, et aux difficultés du transport de celui-ci dans des localités éloignées (Hetting). Sur le conseil de M. le professeur Rasch, M. Hetting a semé les œufs fécondés dans les cours d'eau tombant dans les lacs a peupler et aussi loin que possible de ces lacs. Ce système a l'inconvénient de permettre la destruction de beaucoup d'œufs par les petits poissons; mais le volume de ces œufs est tellement minime, que, quand ils sont éparpillés sur un fond de gravier, la plus grande partie se trouve dans les interstices et est ainsi protégée; il serait, sans doute, plus avantageux d'opérer, sur les lieux, dans de petits réservoirs, mais la construction de ces appareils dans les torrénts est souvent difficile, pour ne pas dire impossible.

L'empoissonnement des eaux par le *Coregonus lavaretus* n'est pas très-difficile, à la condition de ne pas opérer dans des lacs tourbeux ou marécageux, ce poisson cherchant, en général, les graviers pour frayer; il faut choisir un lac qui soit alimenté par une eau courante, provenant d'un torrent et non d'une source ou d'un marais. Dans ces derniers temps, on a essayé avec succès de développer les œufs du Lavaret dans des appareils placés dans les lacs supérieurs où vit déjà ce poisson; la température de ces lacs permet d'y lâcher l'alevin plus tôt que dans les torrents, et cette condition facilitera beaucoup son introduction dans certains lacs. Il importe peu qu'il y existe des Truites, car celles-ci n'en souffriront pas, mais au contraire empêcheront qu'il ne se développe en trop grande quantité (Hetting).

Un des poissons qui sont le plus à redouter dans les expériences de pisciculture est le *Laken* (*Lota vulgaris*) ; mais, heureusement, il est rare dans les lacs de Norvége.

Pour assurer la propagation des espèces de poissons utiles, on a cherché, dans plusieurs localités, à introduire d'autres espèces destinées à leur servir de nourriture; mais, par ignorance, on a quelquefois choisi des espèces dangereuses, et, loin de favoriser la pèche, on lui a porté un coup mortel, sans avoir même la consolation d'avoir une espèce de qualit! moindre; car le poisson qui s'était développé n'avait aucune valeur. C'est ainsi que dans un lac où il y avait cependant assez d'insectes, on a introduit le *Gorkim* (*Cyprinus phoxinus*) pour nourrir les Truites : ce poisson, qui ne dépasse jamais 4 pouces (10 centimètres) de longueur, était supposé inoffensif, bien qu'en eussent dit quelques pêcheurs expérimentés; mais, au bout de quelques années, les Truites avaient disparu, et la pêche du lac était ruinée. Le *Gorkim*, qui se tient tout l'été dans les courants, là où vivent surtout les alevins de Truite, en détruit des quantités considérables, avant que ceux-ci aient pu devenir assez forts pour le dévorer lui-même, et sa gloutonnerie a bientôt fait un désert des eaux les plus peuplées (Hetting).

Le *Krocklen* ou *Hommen* (*Osmerus eperlanus*), malgré sa petite taille, et bien qu'il ne se trouve pas au milieu des courants, passe aussi pour nuisible à la Truite, de même que le *Blaaspol* (*Cyprinus aspius*) et le *Brasen* (*Abramis brama*), qui sont, tous deux, des poissons très-voraces (Hetting).

De tous les poissons de la Norvége propres à nourrir les espèces utiles et précieuses, le meilleur est sans contredit le *Mort* (*Cyprinus rutilus*), qui fraye dans les cours d'eau fin mai; sa lenteur ne lui permet pas de saisir facilement l'alevin de Truite (encore bien petit, il est vrai, mais déjà d'une vivacité sans égale). Cette espèce offre l'avantage de pulluler tellement, que ni Saumons ni Brochets ne peuvent la détruire; elle est donc la meilleure des proies que l'on puisse jeter dans un lac ou vivier qui renferme déjà des Truites ou des Saumons d'un certain volume, et rien n'est plus facile que de recueillir ses œufs sur les plantes submergées des ruisseaux, ou de se procurer des *Morten* en quantité suffisante pour faire des fécondations artificielles (Hetting).

APPAREILS DE PISCICULTURE.

Les appareils mis en usage en Norvége offrent la plus grande analogie avec ceux que M. Coste a fait connaître, et ont été faits sur le modèle français avec quelques modifications nécessitées par les circonstances particulières au pays.

M. le professeur Rasch (1), qui le premier, en Norvége, a fait

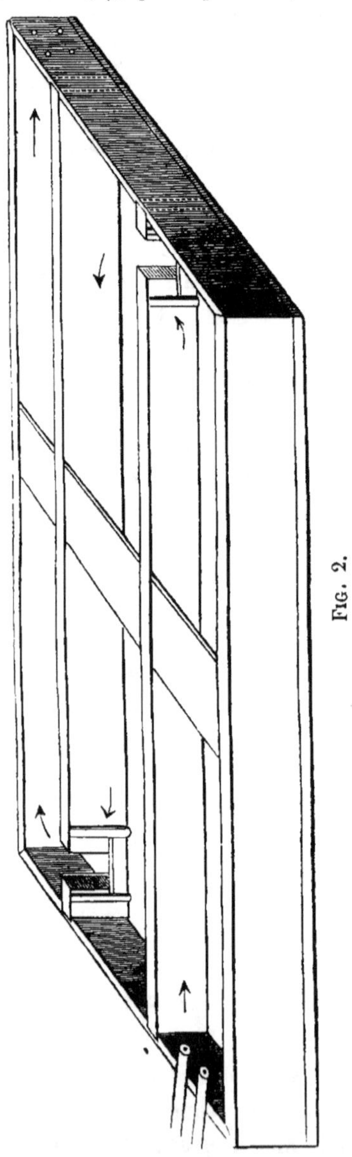

usage d'appareils à incubation, leur avait donné la disposition suivante (fig. 2) : trois compartiments longs de 8 aunes ($9^m,144$), larges de 8 pouces (20 centimètres), profonds de 5 pouces (125 millim.), étaient disposés sur un même plan, et recevaient l'eau de telle sorte qu'elle devait parcourir tout l'appareil avant d'en sortir ; de petites vannes placées au point de communication des réservoirs contigus permettaient de régler le courant de l'eau. Dans les appareils qui ont été faits postérieurement, chaque compartiment recevait directement l'eau de la source, ce qui était préférable, puisque cela permettait de donner dans chacun d'eux une force de courant spéciale. Depuis 1855, les appareils ont été établis d'après la méthode française et doublés de zinc; mais comme dans quelques circonstances ils donnaient des résultats fâcheux, on les a abandonnés, ou, pour mieux dire, modifiés, en tâchant de leur conserver leur coût peu élevé.

Nous avons trouvé à l'exposition de Bergen un appareil présenté par la commission de Drammen, qui consistait en une boîte ronde de fer-blanc; la cavité était disposée en hélice au moyen d'une paroi métallique, et recevait l'eau par sa partie moyenne; après avoir parcouru successivement toutes les parties de la boîte, l'eau s'échappait par un orifice latéral.

Nous avons observé aussi un appareil présenté par M. Hetting, superintendant des pêches (1) (fig. 3). Il consistait en deux tonneaux successifs, communiquant au moyen d'un tuyau. Ces tonneaux, de même hauteur, pour éviter quelque chute d'eau, doivent avoir deux aunes et demie à trois aunes (3 mètres environ) de longueur, sur une aune et demie à une aune trois quarts ($1^m,80$ environ) de largeur et de profondeur; ils sont faits de bois non résineux, ayant subi une macération assez prolongée pour qu'elle l'ait débarrassé de tout son tannin. Ils sont placés à l'intérieur de la chambre où doivent se faire les incubations, pour éviter, autant que possible, les variations atmosphériques. Dans chacun d'eux est

(1) Hetting, *Kortfattet Beileaning for-dem, der ville indrette Udklœkningsanlæg for de vinterlegende ferskvandsfiske.* In-8°, 1836.

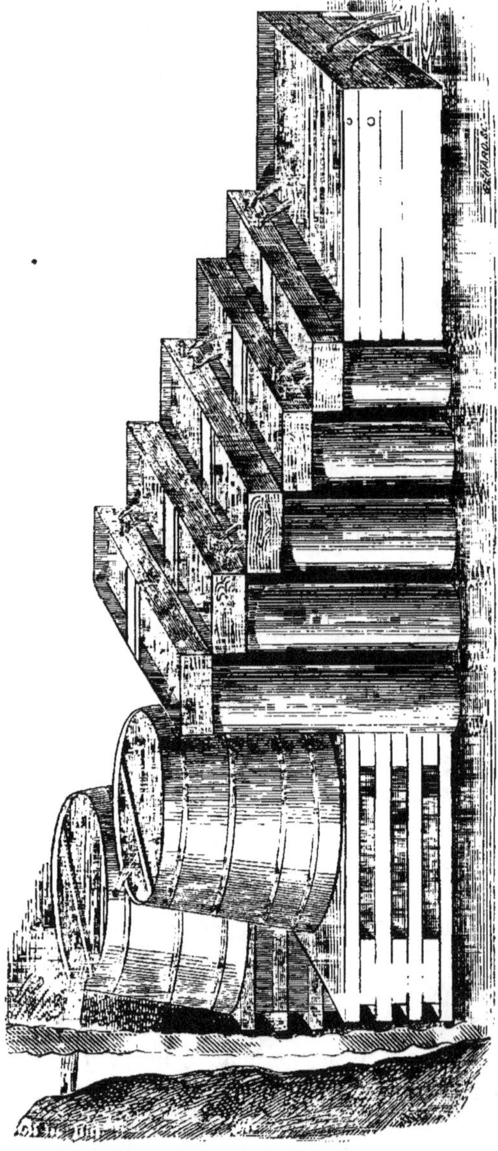

Fig. 3.

placée une planchette droite, plongeant de 8 à 10 pouces (225 millim.) au plus, et dépassant le niveau de 1 à 2 pouces (38 millim. environ) ; cette planchette sert à rompre le courant, et, le rendant presque insensible, permet le dépôt de la bourbe et des impuretés que l'eau pourrait entraîner et qu'il serait nuisible de laisser déposer sur les œufs. Du reste, pour éviter ce dépôt d'impuretés sur les œufs, on rend le courant plus rapide dans l'appareil, qui est formé d'une série d'auges rectangulaires de bois privé de son tannin, disposées en escalier pour permettre l'aération de l'eau, et qui viennent déboucher dans une grande cuve d'eau qui peut servir à réunir l'alevin. Cet appareil a été établi, dans ces dernières années, dans un grand nombre de localités en Norvége (1), où l'on s'en est très-bien trouvé. Dans quelques cas, on n'a établi qu'un seul tonneau *épurateur*, si nous pouvons nous exprimer ainsi, mais il est recommandé par M. Hetting d'en établir plutôt deux ou trois.

M. Hetting avait aussi exposé un appareil pour incubation

(1) Depuis 1862, outre les appareils que nous avons indiqués plus haut (p. 192), on en a établi de nouveaux à Valen, dans la paroisse de Fjelberg ; à Helle, en Undal du Nord ; à Gjölme, en Orkedal ; à Vangseng et Jorliden, en Rennebo, etc. On a obtenu les résultats suivants dans les établissements de :

		Salmo faris.	Salmo alpinus.	
Hougen, en Vingelen	1862-63.	500	»	
—	1864-65.	»	»	Non peuplé, faute d'œufs.
Sandnoes, dans l'île Inderöen.	1863-65.	500	500	Mauvais résultats, qui paraissent tenir à la nature de l'eau.
Sogn, en Asker.	1863-64.	»	1000	Pour tenter l'acclimatation du
—	1864-65.	»	6000	*S. alpinus* dans le lac de Sogn.
Drengsrud, en Asker.	1862-63.	5 000	»	Destinés à peupler des lacs morts.
—	1863-64.	10 000	»	Id.
—	1864-65.	5 000	»	Id.
Alfsjöen, en Froen.	1862-63.	30 000	»	Id.
—	1863-64.	45 000	»	Id.
—	1864-65.	»	»	Non peuplé.
Kvebelyeloen (Finmark).	»	30 000	»	Ces appareils ont été établis par
Falvikelv (Finmark)	»	50 000	»	la Société pour les progrès de
Altenelv (Finmark).	»	180 000	»	l'agriculture en Finmark.

A Ladefjord, près de Bergen, M. Fasmer a établi un appareil dans lequel il a élevé 18 000 *Salmo trutta*, au moyen desquels il se propose de peupler un parc d'eau de mer de 800 mètres carrés, et enclos au moyen de l'appareil imaginé par M. Hetting (voyez p. 10). (Hetting.)

en eau courante. Il consistait en une boîte rectangulaire, offrant sur deux de ses faces opposées un grillage de toile métallique qui permet l'entrée et la sortie de l'eau, mais est assez serré pour arrêter les animaux qui voudraient y pénétrer, et empêcher la sortie des œufs, et plus tard de l'alevin. Pour rompre la force du courant, cet appareil est muni à sa partie antérieure de deux planches faisant biseau.

Nous avons visité à Tjernsvold, près de Stavanger, un établissement créé par M. Hanson, dans lequel nous avons vu les métis de *Salmo alpinus* et *Salmo fario* dont nous avons déjà parlé (p. 209). A Tjernsvold, il existait un bassin naturel d'environ 220 pieds carrés (67 mètres carrés), et un peu plus haut, sur le rivage, quatre sources naturelles qui débitaient de 40 à 50 tonnes (environ 450 hectolitres) d'eau pure en vingt-quatre heures. La plus élevée de ces sources sert à M. Hanson pour alimenter ses appareils de fécondation artificielle; les autres coulent directement dans les bassins qui ont été creusés auprès du bassin naturel. M. Hanson fit d'abord des éducations de Truite ordinaire (*Thymallus vulgaris*); mais à la suite d'un voyage en France, où il apprit que notre savant confrère M. Coste avait fait des métissages de poissons, il pensa à répéter ces expériences. Ayant observé que la nature elle-même a fait des métis de Truites et de Saumons, il choisit le *Salmo fario* et le *Salmo alpinus* comme sujets de ses tentatives. M. Hanson fut d'abord arrêté par la différence d'époque de la *fraye;* car à Stavanger les Truites sont prêtes à pondre dans les torrents en octobre, tandis que les Saumons ne commencent guère qu'en novembre. Pour obvier à cet inconvénient, il établit un vivier formant *boutique à poisson,* au moyen d'une caisse à deux compartiments latéraux, l'un pour les mâles, l'autre pour les femelles, et alimentée par une source qui donne un pouce d'eau environ. Cette caisse avait 58 pouces (1^m,45) de hauteur sur 114 (2^m,85) de longueur et 48 (1^m,20) de largeur. Ayant pris des mâles de *Salmo fario* près d'épancher leur liqueur séminale, il les plaça dans le compartiment inférieur, et attendit le moment où il pourrait se procurer des femelles de *Salmo alpinus :* les mâles, étant isolés, purent rester ainsi près d'un mois sans se débarrasser de leur laitance et servirent à féconder les femelles qui furent prises. L'opération se fit de la manière suivante : M. Hanson mit dans une caisse plate de l'eau ayant la même température que celle du vivier, et y versa la laitance du mâle, puis fit sortir par une douce pression les œufs de la femelle, qui tombèrent dans cette eau chargée des éléments fécondateurs. Après une demi-heure de contact environ, les œufs furent retirés, lavés avec soin et déposés dans l'appareil à incubation. L'expérience fut faite en prenant pour mâle le *Salmo alpinus* et pour femelle le *Salmo fario*, et *vice versâ*. L'appareil à incubation est alimenté par une source donnant 49 tonnes (490 hectolitres) d'eau par vingt-quatre heures ; il est formé de six caisses disposées en étages, qui reçoivent successivement l'eau, et dans lesquels il est facile de graduer à volonté la couche du liquide. (Au commencement de l'opération, les œufs sont couverts d'un demi-pouce (12 millim.) d'eau ; mais lorsque l'éclosion est faite, la couche d'eau est de 6 pouces (15 centimètres) environ. L'alevin est réuni dans une caisse inférieure, d'où il est retenu par une toile métallique.

Pour ranger les œufs sur la couche de gravier qui leur sert de lit, M. Hanson fait usage d'un râteau qu'il fabrique avec une lame de fer-blanc découpée à l'emporte-pièce, et dont les palettes sont tordues de manière à laisser entre elles l'espace nécessité par le volume des œufs. Cet appareil, très-simple, nous a paru remplir parfaitement le but que se proposait son auteur, et nous avons appris que M. le professeur Rasch s'en était déclaré très-satisfait.

La température des eaux dans lesquelles on fait en Norvége l'incubation artificielle varie, en hiver, de +2 à +4 degrés et demi Réaumur (+3 à +6 degrés centigr.). Dans les régions basses, on préfère l'emploi de l'eau des sources à celui de l'eau de rivière, qui pendant l'hiver se trouble, et d'autre part peut

---

(1) Holmberg, *Ueber Fischkultur in Finnland (Bullet. de la Société impériale des naturalistes de Moscou*, 1864, t. XXXVII, p. 45).

éprouver des changements très-brusques de température. Dans les régions élevées, au contraire, où l'eau est plus pure et garde une température assez constante de $+3$ à $+5$ degrés centigr., on place les appareils dans les courants sans aucun inconvénient. Dans quelques localités où l'eau est chargée d'une certaine quantité d'acide carbonique, on fait rejaillir l'eau sur des obstacles pour la diviser, et chasser ainsi l'excès du gaz délétère avant de la laisser arriver sur les œufs.

Le moyen de fécondation auquel on a le plus souvent recours est la méthode française, qui donne partout des résultats si avantageux. Cependant, dans quelques cas, on emploie la méthode Wrasky (1), qui paraît être préférée en Russie et en Norvége. Cette méthode, due à l'habile professeur de Saint-Pétersbourg, consiste à recevoir les œufs à sec dans un vase, et à verser dessus de l'eau qui vient d'être immédiatement chargée de la liqueur fécondante. L'opération offre, disent ses promoteurs, cet avantage, que les œufs gardent toute leur faculté attractive et se laissent bien mieux pénétrer par les spermatozoïdes. M. le professeur Rasch lui reconnaît en outre cette supériorité, qu'elle permet de se procurer des œufs des localités éloignées de plusieurs jours de marche (1), et qu'elle permet surtout les expériences de métissage ou *bâtardisation* des Saumons. Notre confrère M. Coste ne partage pas cette opinion, et pense que le procédé qui consiste à recevoir les œufs dans l'eau au sortir du corps de la femelle est bien préférable.

M. Hetting, dans le traité qu'il a publié pour servir de guide aux pisciculteurs de Norvége, s'élève contre l'opinion des Anglais, qui, pensant imiter ainsi plus exactement la nature, font déposer les œufs des Salmonidés dans des trous profonds, entre des couches de pierrailles ; il fait observer que les Saumons ne se développent pas mieux dans ces conditions, et qu'il est presque impossible de surveiller les œufs pendant

----

(1) On a pu, en Norvége, transporter dans du *Sphagnum* humide des œufs de *Salmo alpinus* à une distance de 16 milles (26 kilomètres environ). (Hetting.)

leur incubation, et de retirer, sans les blesser, les alevins des anfractuosités où ils se sont réfugiés. C'est, du reste, l'opinion de M. Coste, qui dit : « La dispersion des œufs entre les » cailloux et leur entassement dans les boîtes constamment » closes rendent leur surveillance fort difficile, et s'opposent » aux soins qu'on pourrait leur donner, si on les avait tou-» jours placés sous la main..... Enfin, la difficulté que l'on » éprouve, lorsque les jeunes sont éclos, de les extraire, sans » les blesser, de ces retraites inaccessibles, est un obstacle à » leur transport dans les viviers où ils doivent se transformer » en alevin (1). »

Les expériences de fécondation artificielle ont été faites en Norvége sur les *Salmo salar*, *trutta*, *fario*, *ferox* et *alpinus*, et ont donné des résultats un peu différents pour la taille et la saveur des produits obtenus, suivant les espèces. Du reste, déjà même dans les alevins, on distingue des variations notables, et l'on a pu observer que ceux chez lesquels la vésicule ombilicale est longue et pointue, donneront des produits plus forts et plus savoureux que ceux chez lesquels elle est sphérique. (Hetting.)

Il résulte des expériences faites par M. Hetting et d'autres pisciculteurs, que, pour les espèces du genre *Coregonus*, il vaut mieux semer les œufs dans les courants qui descendent aux lacs que de les déposer dans des appareils, en raison surtout de la difficulté que l'on éprouve à garder et à nourrir l'alevin jusqu'au moment de sa mise en liberté.

Dans le principe, on n'avait pas de confiance, en Norvége, dans l'utilité des viviers destinés à conserver l'alevin jusqu'au moment où il peut être abandonné à lui-même dans les courants et les lacs; mais, depuis, l'opinion leur est devenue favorable, car on a vu que ces viviers permettaient tout au moins d'entretenir à peu de frais le poisson nécessaire à l'alimentation de plusieurs familles, et leur nombre s'est beaucoup augmenté. Il est très-essentiel de porter l'attention la plus grande à la qualité de l'eau, quelle que soit la quantité dont

(1) Coste, *Pisciculture* (*la Vie à la campagne*, t. II, p. 113).

on puisse disposer, ainsi qu'à la nature du fond. C'est ainsi qu'un vivier alimenté par des eaux provenant des marais, et qui sera clos de digues argileuses, ne sera pas propre à l'entretien de la Truite, tandis qu'au contraire, s'il a un fond rocailleux et s'il reçoit l'eau d'une source, il offrira des conditions propices. Du reste, la question n'a pas encore été étudiée assez complétement pour qu'on puisse préjuger d'une manière absolue des qualités bonnes ou mauvaises d'un vivier.

On admet aujourd'hui qu'un bon vivier doit offrir au moins trois compartiments pour pouvoir séparer le poisson au fur et à mesure qu'il grandit ; il vaut mieux encore avoir quatre compartiments, qu'il est possible de construire successivement chaque année au fur et à mesure des besoins. Le premier, où on lâche l'alevin, doit avoir, pour 8000 à 10 000 poissons, de 18 à 20 aunes (21^m,70) de longueur sur 8 à 10 (10^m,28) de largeur, 2 à 3 pieds (80 centimètres environ) de profondeur. On pourrait y mettre plus de petits poissons, mais c'est un nombre suffisant, en raison de l'espace qu'exigeraient pour les années suivantes les autres viviers. Le second compartiment, destiné à recevoir le poisson quand il a atteint l'âge de dix mois environ, doit avoir de 70 à 80 aunes (85 mètres environ) de longueur sur 18 à 20 (21^m,70) de largeur et 4 à 5 pieds de profondeur : les poissons y restent jusqu'à l'âge de deux ans et demi, et peuvent atteindre le poids de trois quarts à un demi-mark norvégien (140 gram. environ), s'ils ont été bien nourris. Le vivier suivant doit avoir au moins 140 à 150 aunes (165 mètres) de longueur sur 30 à 40 (40 mètres) de largeur et 6 à 8 pieds (2^m,10) de profondeur : il y a même avantage à le faire plus grand. Ce dernier vivier est surtout très-avantageux quand il est naturel, comme celui de M. Hanson à Tjernsvold, près de Stavanger, car le poisson y vient mieux, en même temps que le vivier ne coûte rien. Une prise d'eau de 2 à 3 pouces suffit pour des viviers des dimensions que nous venons d'indiquer. Le canal qui sépare les viviers doit être à un pied environ au-dessus du fond et être muni de claies ou toiles métalliques qui arrêtent le poisson, tout en n'empêchant pas le courant. (Hetting.)

SAUMON.

De toutes les espèces de poissons qui peuvent alternativement séjourner dans les eaux douces et dans les eaux salées, le Saumon, qui va chercher chaque année, dans les profondeurs de l'Océan, une nourriture plus abondante et revient chargé d'une quantité presque incroyable de matière alimentaire, est une des plus précieuses. Il constitue une richesse véritable pour les contrées qu'il affectionne, et particulièrement pour le Royaume-Uni, la Norvége et l'Amérique septentrionale.

La pêche du Saumon est en effet une des principales industries de la Norvége : dans ce pays, les pêcheurs en prennent un grand nombre à la mer, au moyen de filets analogues à ceux qui sont usités pour les diverses autres espèces marines. On en prend aussi de grandes quantités dans les fleuves pendant toute la saison où les règlements autorisent la poursuite du Saumon, c'est-à-dire du 14 février au 14 septembre (1). Toute espèce d'engins est permise, cependant la

(1) La pêche du Saumon et de la Truite de mer a été réglementée en Norvége par une loi du 23 mars 1863, dont nous croyons devoir indiquer ici les principales dispositions.

La pêche est interdite dans les torrents, rivières, lacs, affluents, bords et côtes, du 14 septembre au 14 février ; il est aussi défendu de tendre des filets et de se servir de tout autre engin de pêche où les Saumons et Truites puissent venir se prendre.

Pendant la période de pêche, vingt-quatre heures par semaine (c'est-à-dire du samedi soir à six heures jusqu'au dimanche soir à six heures), on doit enlever tout appareil de pêche qui pourrait prendre le poisson ou lui couper le chemin pendant qu'il remonte.

Le roi peut, s'il le juge convenable et utile à l'intérêt de la pêche, déterminer un espace partant de l'embouchure d'une rivière où il est défendu de jeter filets et lignes. Il peut aussi défendre dans un espace pareil l'emploi de filets dont les mailles ont moins de deux pouces un quart. Les espaces ainsi interdits doivent être indiqués par des signes apparents.

Dans les fjords, le long des côtes et à l'embouchure des rivières, aussi haut que le Saumon et la Truite de mer peuvent remonter, on ne doit pas laisser

violence du courant fait que le plus souvent la ligne ne peut être employée, et, dans beaucoup de localités, la nature du fond est telle que l'usage des filets n'est pas non plus possible,

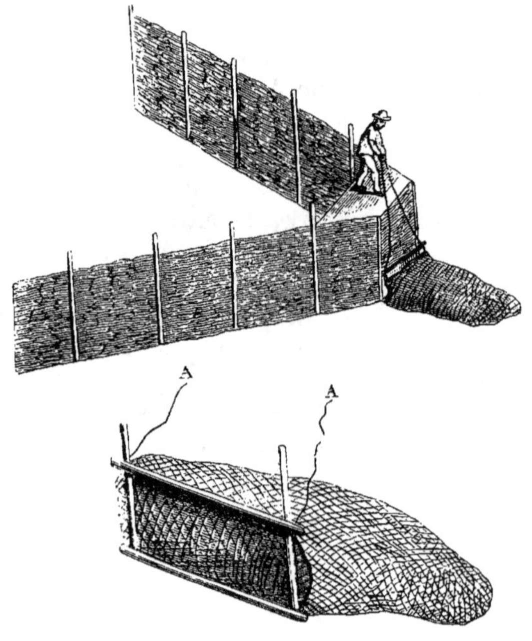

Fig. 4.

car ils seraient infailliblement mis en pièces. Assez ordinairement les Norvégiens ont recours à un mode de pêche qui

séjourner de filets la nuit, ni employer des filets dont les mailles ont moins de deux pouces un quart. Si l'on établit d'autres engins de pêche qui forment barrage, il doit y avoir au moins dix ouvertures ayant chacune au moins deux pouces un quart de côté.

Dans les embouchures et les torrents que remontent le Saumon et la Truite de mer, on ne peut se servir de filets qui puissent en capturer l'alevin.

Il est défendu de vendre, acheter ou recevoir du Saumon et de la Truite de mer en temps prohibé. Il est défendu en tout temps de vendre, acheter ou recevoir de ces poissons ayant moins de huit pouces de longueur. La

rappelle les procédés usités sur les bords du Rhin et dans le Bosphore : il consiste en un échafaudage grossier en planches et en madriers, surplombant l'eau, et sur lequel est placée une vigie qui doit signaler le moment où le Saumon vient s'engager dans le filet (fig. 4). Alors, au moyen de treuils et de cabestans, on relève le filet en forme de poche qui gisait étendu sur le sol, et le poisson se trouve captif. Dans quelques localités, à l'imitation de ce qui se fait en Écosse et en Irlande, pour assurer l'arrivée du poisson dans le filet, on établit dans le cours de la rivière deux parois de branchages et de pieux qui forment un immense entonnoir, dont l'ouverture regarde l'embouchure de la rivière, et qui oblige ainsi un plus grand nombre de poissons à pénétrer dans le filet, qui se relève dès que le butin y est entré.

Dans le Hardangerfjord, la pêche se fait la nuit, en attirant le Saumon par la lueur de torches tenues par quelques pêcheurs, ou d'un brasier entretenu avec soin à l'avant du bateau (fig. 5). Cette vive lumière attire le Saumon à la surface de l'eau. « Il s'arrête et se balance dans ces flammes » humides, qui font étinceler comme des pierreries ses écailles » miroitantes. C'est le moment que choisit le pêcheur : il » lance le harpon d'une main sûre, et ramène la victime, qui » se débat dans son sang (1). »

Cette pêche ne diffère en rien de celle que font les Russes près du bourg Souma, sur la côte occidentale du lac Onéga, où les pêcheurs placent, la nuit, à l'avant de leurs canots, une pièce de fer (fig. 6) qui sert à supporter un brasier ardent

peine encourue est la confiscation des engins, plus une amende qui d'abord de 1/2 à 10 species (2 fr. 90 c. à 58 fr.), monte ensuite jusqu'à 30 species (174 fr.).

Le roi peut autoriser la pêche, en temps prohibé, du Saumon et de la Truite de mer, si cette pêche doit fournir les animaux nécessaires à des établissements de fécondation artificielle.

La loi autorise les propriétaires et pêcheurs d'un cours d'eau à se réunir en associations pour tout ou partie de ce cours d'eau, et à y organiser la surveillance de la pêche, et leur donne l'autorité nécessaire pour ce but.

(1) Louis Enault, *la Norvége*, page 350.

dont la lueur attire les Saumons, qui sont alors *harponnés* au

FIG. 5.

moyen d'une *fouène* (fig. 6) à plusieurs dents, lancée avec

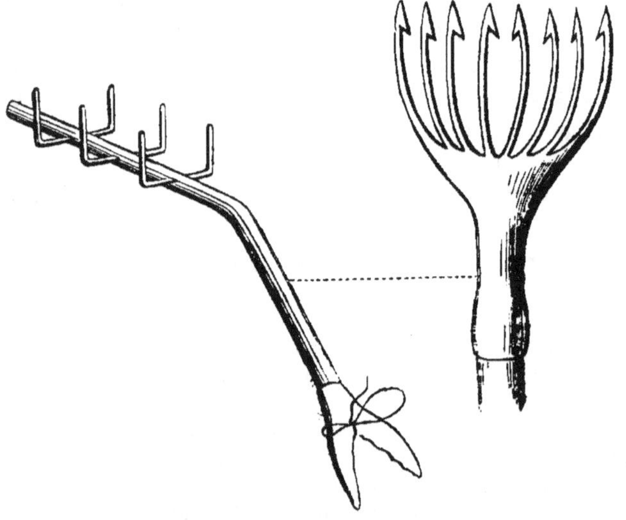

FIG. 6.

force par celui des pêcheurs placé à l'avant du bateau.

A Drammen, dans les cascades tumultueuses du Dramm-elv, qui mesure environ 1500 à 2000 pieds de largeur, on dresse sur les rochers des chutes un échafaudage de poutres auxquelles sont attachées de grandes caisses de bois, longues de 12 à 16 pieds anglais (3^m,66 à 4^m,88), hautes et larges de 4 à 6 pieds (1^m,22 à 1^m,83); elles sont formées de pièces de bois espacées les unes des autres de 2 pouces (50 milli-mètres) environ, pour que l'eau ne puisse les remplir. Ces caisses (fig. 7) sont disposées de façon à affleurer la surface de l'eau et à rester en quelque sorte voilées par l'écume des chutes. Le Saumon, qui remonte le courant, arrive au pied des cascades, et, confiant dans la vigueur de ses muscles, il tente un vigoureux essor qui lui permette de franchir l'ob-stacle, mais presque toujours il trouve le terme de son voyage et de sa vie dans cet effort désespéré. En effet, l'effort qui lui a permis de franchir les caisses sans y pénétrer, n'est pas suffisant pour qu'il triomphe de la hauteur de la cascade, et dès lors tout est fini, il retombe dans une des caisses des-tinées à le recevoir. Aussitôt les pêcheurs, qui ne cessent d'être aux aguets, le saisissent au moyen de longs harpons armés de fers très-pointus. Cette pêche, qui se fait surtout en juillet, août, et au commencement de septembre, est assez fructueuse pour qu'il ne soit pas rare de voir prendre, dans une après-midi, de cinquante à cent Saumons pesant de 10 à 20 kilogrammes (Scheel).

Les Anglais, qui jouissent à juste titre de la réputation d'être de grands amateurs de pêche, et qui ont rangé parmi leurs délassements de sport le plus attractif la pêche à la ligne, objet des risées d'un grand nombre de nos compatriotes, viennent chaque année et en grand nombre en Norvége pour se livrer à leur passion pour la conquête du Saumon, qu'ils pêchent en cheminant le long des cours d'eau, armés d'une ligne munie d'une mouche artificielle. Pour pouvoir se livrer commodément à cet agréable passe-temps, dont ils ont élevé les pratiques à la hauteur d'un art véritable et sur lequel ils ont publié des ouvrages justement estimés (1), ils ont loué des

____

(1) Robert Hutchinson, *Pratique de la mouche volante en Norvége*, in-8.

cours d'eau dont ils exploitent les poissons; mais les règle-

FIG. 7.

— S. Jones, *Le vrai compagnon du pêcheur de Saumon en Norvége.* —
Fitz-Barn, *le Saumon* (*La vie à la campagne*, 1861, t. I, p. 38, 70, 111).

ments qui sont en vigueur dans le pays, tout en donnant le moyen de faire de nombreuses captures, sont tels que le dépeuplement n'est plus possible. Aussi voit-on dans ce pays, de même qu'en Écosse et en Irlande, les rivières conserver aujourd'hui leur fertilité, alors que chez nous chacun semble ne prendre souci que de se procurer le plus de poisson possible et n'avoir aucun souci de l'avenir. Tous nos pêcheurs se plaignent du dépeuplement progressif de nos rivières, et cependant aucun d'eux, pour ainsi dire, ne donne le moindre appui aux personnes dévouées qui tentent de ramener la richesse dans nos eaux appauvries. La location des cours d'eau en Norvége est un véritable profit pour les propriétaires, et, grâce aux mesures prises pour repeupler les rivières de Saumons, certaines rivières, comme le Mandals-elv, qui étaient devenues pour ainsi dire stériles, commencent à être de nouveau visitées par les voyageurs, et les prix qu'ils payent vont toujours en augmentant depuis quelques années. Pour ne citer que deux exemples, je ferai remarquer qu'un droit de pêche, dans le Laagen-elv, a été acheté, en 1864, par un Anglais, 800 species daler (4560 fr.), prix qui n'est pas trop élevé, tandis qu'il y a cinq ans, ce même droit n'en valait guère la moitié. Un autre Anglais loue la pêche de l'Alten-elv plusieurs centaines de species daler, et doit payer une somme plus forte au renouvellement prochain de son bail. (Hetting.)

Les nombreuses chutes d'eau que présentent presque tous les cours d'eau en Norvége ont quelquefois une hauteur trop considérable pour que les Saumons puissent les franchir, et, d'autre part, dans quelques localités, on a établi pour les besoins de l'industrie (scieries) des barrages qui leur interdisent l'accès des parties hautes. Pour obvier à ces inconvénients, on a établi, à l'imitation de ce qui se fait en Écosse et en Irlande, des échelles à Saumon (1) qui, faites avec le sapin si commun dans le pays (fig. 8), n'ont pas le luxe et la solidité des établissements de la Grande-Bretagne, mais qui n'en rendent pas de moins bons services, puisqu'on a constaté qu'elles

---

(1) Hetting, *Veiledning iat Bygge Laxetrapper.* In-8, 1866.

ont déjà quadruplé le produit des cours d'eau sur lesquels on
les a établies. Ces appareils sont des caisses de bois (fig. 8) de
8 pieds de long sur 6 de large et 5 de profondeur, communiquant par des canaux également de bois, de 3 pieds carrés,
disposés de façon à ne pas être placés vis-à-vis l'un de l'autre
pour rompre la puissance du courant. Pendant l'hiver, on

FIG. 8.

empêche l'eau d'y passer, et cette précaution augmente de
beaucoup la durée des appareils. Les expériences ont démontré que les Saumons montent facilement une pente de quatre
pieds, et même plus forte en été, où ils sont plus vigoureux,
et que le frai qui se trouve dans les régions élevées est meilleur et plus beau que celui obtenu dans les parties basses des
rivières.

Les *Commissioners of sea and coast fisheries of Ireland*
avaient présenté à l'exposition de Bergen des spécimens d'é-
chelles à Saumon, que nous avions déjà vues à l'exposition
de 1865, à Paris. Ces spécimens (fig. 9) donnent une idée
très-satisfaisante de ce que sont ces travaux si utiles pour le

repeuplement des rivières, et dont le succès ne se borne pas
à l'Irlande, l'Écosse et l'Angleterre, car on a aujourd'hui
déjà organisé quelques-unes sur nos rivières (1) des échelles
destinées à favoriser le passage du Saumon ; mais tous ces
appareils, établis en pierre et maçonnerie, exigent des frais
d'établissement beaucoup plus considérables que ceux de la

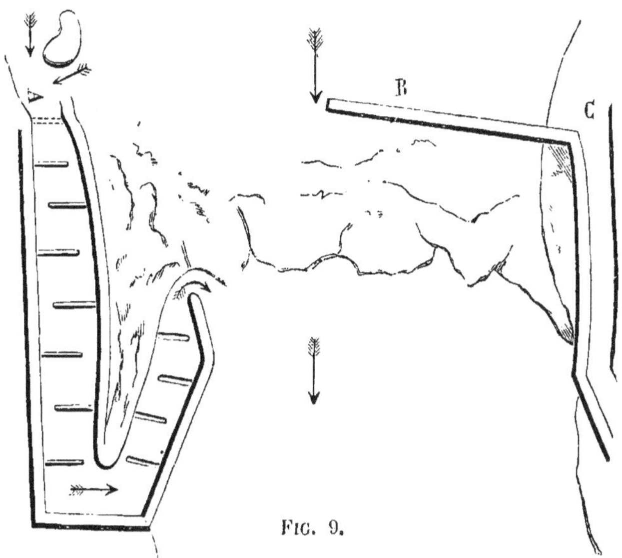

FIG. 9.

Norvége. Toutefois il ne faut pas oublier que les frais d'in-
stallation sont bientôt compensés par l'augmentation du produit de la pêche, et que, comme on l'a observé dans plusieurs
rivières du Canada (2), il a suffi d'établir des échelles pour
ramener le Saumon dans des cours d'eau que cette précieuse
espèce avait été forcée d'abandonner, en raison des barrages
construits pour des scieries (3).

(1) *Bulletin de la Société impériale d'acclimatation*, 2e série, t. III,
166.

(2) Le Moine, *Les pécheries du Canada.* In-12, 1863.

(3) Coumes, *Rapport sur la pisciculture et la péche fluviale en Angleterre, en Écosse et en Irlande.* In-4°, 1863.

Les Irlandais avaient aussi exposé un modèle de barrage (fig. 10) fixé entre des piles au moyen de barres de fer suffisamment rapprochées pour intercepter le passage du poisson ; vers la partie en aval des piles sont des portes doubles qui s'ouvrent facilement pour laisser entrer le poisson qui remonte le courant, mais ne lui permettent pas de rétrograder et le maintiennent captif.

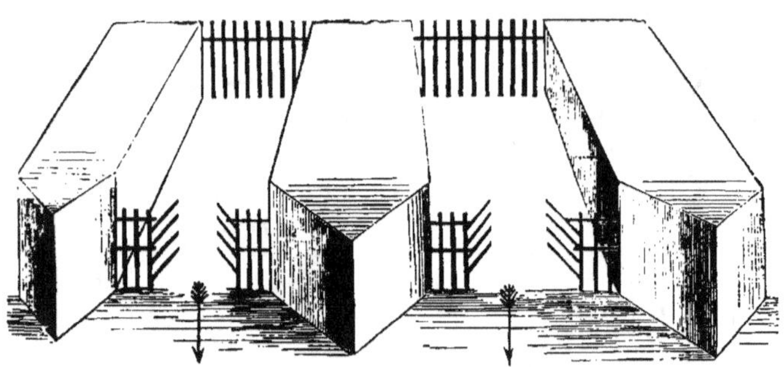

Fig. 10.

On avait exposé à Bergen un appareil pour prendre les Saumons envoyé par la Prusse, et qui consistait en un barrage de filets (fig. 11) interceptant la montée du fleuve au poisson qui, en cherchant une issue, se trouve ramené dans une chambre triangulaire complétement enclose de filets et formant plusieurs compartiments successifs, desquels il ne peut sortir. Des liéges et des flottes maintiennent la partie supérieure de la muraille de filet au niveau de la surface de l'eau, tandis que des pierres et des poids métalliques en fixent la base sur le sol. Ce système offre une grande analogie avec celui des pêcheurs de la côte de la mer Blanche, mais il est plus parfait en raison des chambres multiples et complétement closes, dans lesquelles le poisson peut entrer. Les Russes cherchent à parquer le poisson dans un coin de l'enceinte, et soulevant peu à peu le filet vers le bord de leurs bateaux qui

sont entrés dans l'intérieu de l'appareil, ils s'emparent facilement de leur butin.

Un autre procédé de pêche est mis en usage dans la rivière
Ponoï, où les pêcheurs emploient des filets ou sacs rectangulaires avec des bords en cordage, dits *poyesde*. Sur un des
côtés du rectangle sont des poids qui entraînent d'abord cette
partie du filet vers le fond, tandis que l'autre côté est tenu
au-dessus du sol; on traîne le filet contre le courant, en lui

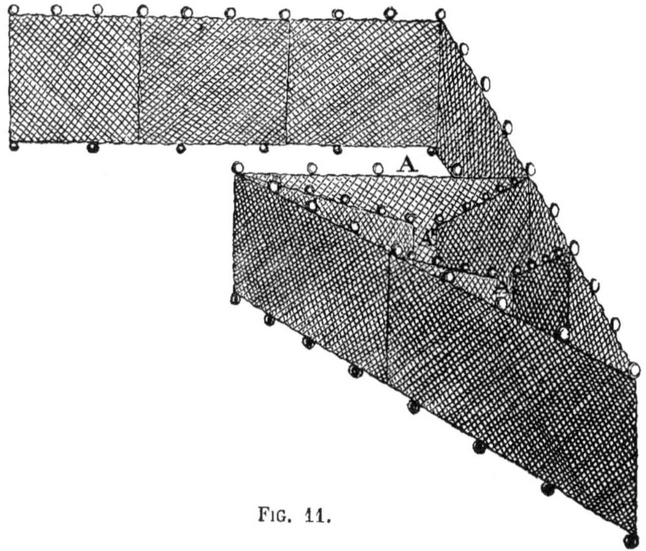

Fig. 11.

faisant faire bourse, et quand on sent les secousses du poisson,
les deux côtés du filet, qui sont manœuvrés chacun au moyen
d'un bateau, sont relevés en même temps.

Les Russes, qui ont le Saumon en abondance dans toutes
les rivières qui déversent leurs eaux dans la Baltique et la mer
Blanche, et dans les lacs qui communiquent avec ces mers,
font un fréquent usage de *bordigues* (fig. 12) pour s'emparer de ce précieux poisson. Les barrages au moyen desquels
ils interceptent la montée des rivières au poisson sont faits

tantôt de bois, de lattes rapprochées les unes des autres (rivière Kytcha), branches de saule (rivière Tsylma ; Welikaia-Wiska, un des affluents de la Petchora), ou de filets (Souma). De distance en distance sont des corbeilles ou nasses de bois (Souma) ou de filet (Tsylma, Welikaia-Wiska), dans lesquels le poisson pénètre facilement, mais d'où il ne peut sortir (fig. 13).

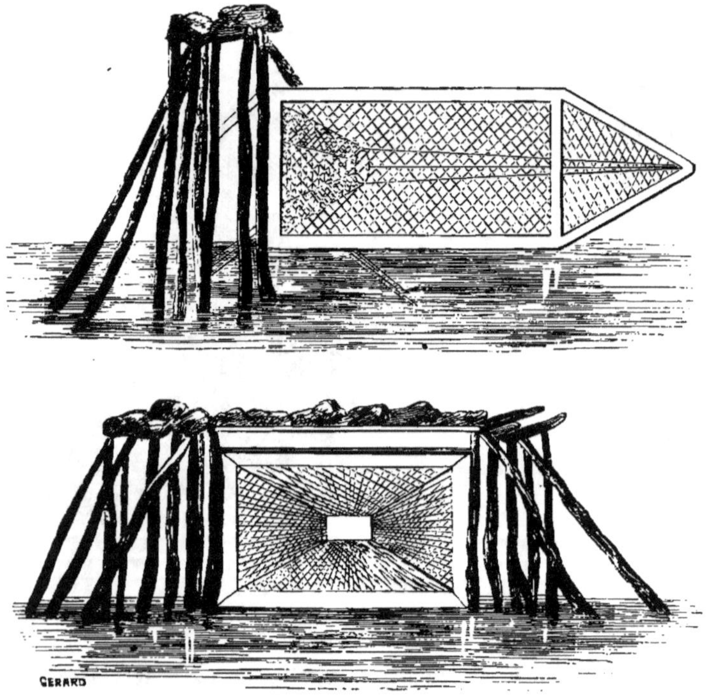

FIG. 12.

Dans les environs de la ville d'Onéga, on emploie un système de bordigues très-voisin de celui que nous venons de décrire, mais dans lequel il y a des sacs ou filets à ouverture, opposés de telle sorte que si le poisson, effrayé, veut rétrograder pour éviter le sac le plus large, qui est à contre-courant, il entre nécessairement dans le second, qui lui fait vis-à-vis.

Sur le fleuve Onéga, près de Podporojié, les bordigues dont on fait usage sont très-perfectionnées, et offrent à l'en-

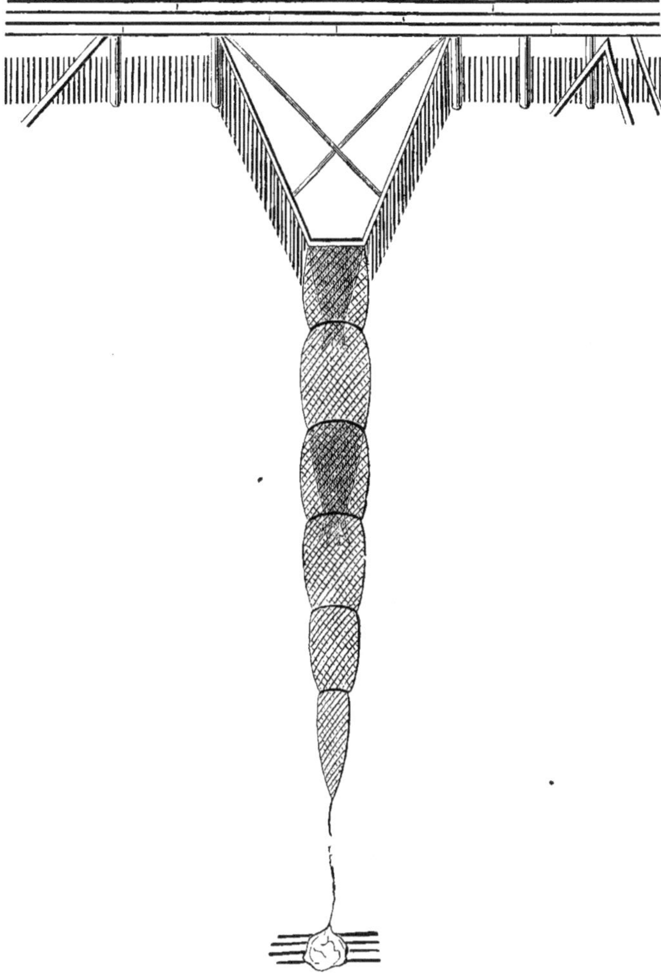

FIG. 13.

trée des corbeilles un cadre rectangulaire garni de filet qui permet d'obturer complétement l'ouverture.

Les Russes emploient à la mer, sur les côtes de la mer Blanche, pour pêcher le Saumon, des filets assujettis avec des cordes à des poteaux enfoncés dans le sol et formant un barrage près du rivage. Dans quelques cas, les filets sont ainsi simplement tendus en travers du rivage, sur les *lais et relais* de la mer ; d'autres fois ils offrent dans une partie assez voisine de la terre une poche très-forte et se repliant du côté de la mer, de façon à former une sorte d'enceinte où les poissons viennent se réunir (fig. 14); quand un certain nombre de

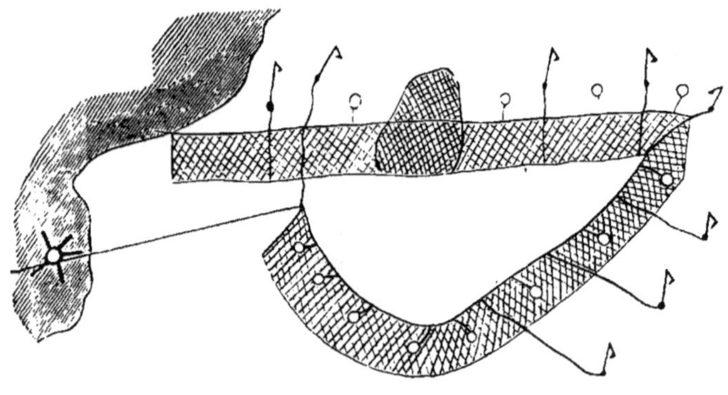

Fig. 14.

Saumons ont ainsi pénétré dans cet espace, on hale, au moyen d'un câble et d'un cabestan, la portion libre du filet vers la terre, et on les enferme ainsi dans une enceinte continue.

On fait aussi usage en Russie de filets flottants qui barrent le cours des rivières, et dans lesquels les Saumons viennent s'engager (Petchora).

Lorsque les rivières sont prises par les glaces, on emploie tantôt des lignes, tantôt des barrages. Dans le premier cas, une perche est organisée de façon à pouvoir basculer, dès qu'elle est libre, sur une sorte de trépied; elle porte à l'une de ses extrémités une ligne armée d'un hameçon qui plonge dans l'eau et est maintenue dans cette position par un système de

morceaux de bois que le poisson dérange par la secousse qu'il
donne en happant l'amorce. Comme l'autre extrémité de la
perche est munie de pierres, qui lui donnent une pesanteur
plus grande, la perche se redresse, et le poisson est ainsi tiré
hors de l'eau. Cette disposition permet à un seul homme de
surveiller en même temps un grand nombre de lignes.

Le système de barrages sous la glace est employé surtout
sur le fleuve Amour, où les Manègres, après avoir barré le
cours d'eau avec des perches faites de bois de saule, pratiquent sur quelques points de la glace des trous qu'ils recouvrent d'une yourte, et par lesquels ils harponnent le poisson
qui vient y respirer (1).

L'exposition de Bergen offrait de nombreux spécimens de
Saumons conservés dans de la saumure en boîtes ou en barils,
et du Saumon fumé. Les Saumons fumés de Bergen et du
Finmark sont préparés de la manière suivante : On les sale
d'abord pendant vingt-quatre heures, puis ils sont lavés et
étendus, puis fumés au moyen de branches de genièvre que
l'on consume sans qu'elles flambent; car on dit qu'alors la
peau du poisson se détacherait. Mais nous avons pu observer
par nous-mêmes les avantages de la conservation par la glace,
qui permet de faire au loin avec avantage des envois considérables de poisson.

Dans le but de conserver le poisson pendant un temps assez
prolongé, pour permettre son expédition dans des contrées
éloignées, on a eu dans ces dernières années l'idée de construire des glacières parfaitement aménagées (2). Ces glacières sont des maisons de bois élevées sur pilotis au bord de
la mer (ce qui permet aux embarcations d'y accoster facilement), et divisées en deux parties, l'une qui est la glacière

(1) C. de Sabir, *Le fleuve Amour.* In-4°.

(2) Nous avons trouvé à l'exposition de Bergen deux modèles de ces glacières (*ice-house*) présentés par MM. P. A. Sundtes Enke, de Farsund, et la
Commission de Stavanger, et depuis nous avons pu, grâce à l'obligeance de
M. Jonasen (de Stavanger), visiter avec détail son établissement d'exploitation, et nous assurer par nous-même que ce procédé conserve le poisson
avec toutes ses qualités pendant un temps assez long après avoir été pêché.

proprement dite, l'autre qui est un hangar pour la manutention. La glacière a de doubles parois de bois entre lesquelles est interposé un corps mauvais conducteur de la chaleur, le plus ordinairement de la sciure de bois. Dans le hangar est un marteau balancier qui brise la glace sur un gril à travers lequel les fragments tombent dans une auge. Le poisson séjourne dans la glacière, sur la glace, jusqu'au moment de l'expédition, c'est-à-dire quelquefois pendant six à huit jours. Pour le faire voyager, on l'arrime avec de la glace dans des caisses de bois rectangulaires percées de quelques trous sur leurs parois, de telle sorte qu'il y ait au fond une couche de glace concassée, puis un lit de poissons placés côte à côte, le ventre en l'air. On remplit les interstices avec de la glace concassée; on fait une nouvelle couche de glace à laquelle on superpose un second lit de poissons, recouverts eux-mêmes par de la glace. On ferme alors la caisse, et le poisson peut être ainsi conservé pendant près de trois semaines (1), à la condition qu'il n'ait pas dégelé ; car alors il se ramollit et perd de sa valeur. Grâce à ce procédé, on peut expédier facilement, de Farsund, Bergen et de Stavanger en Angleterre, de grandes quantités non-seulement de Saumons, mais de Maquereaux, qui sont très-recherchés sur les marchés de Londres. Nous regrettons seulement que les Norvégiens n'aient pas encore adopté la pratique des Anglais et des Américains, qui placent dans la glace le poisson dès qu'il est pris, et dont, par suite, les produits sont plus parfaits. Nous serions heureux de voir introduire en France l'usage de ces *icehouse* (2).

(1) Nous avons vu à l'exposition de Bergen des Saumons qui, malgré une chaleur de 18 à 30 degrés Réaumur (22° à 38° centigr.) avaient été conservés parfaitement frais dans de la glace pendant vingt-quatre jours.

(2) Les Anglais, trouvant avantage à acheter et à exporter du Saumon frais, surtout des préfectures de Lister et Mandal, ont fait élever le prix du Saumon par rapport à ce qu'il était avant le nouvel état de la pêche. Ce commerce n'eût pu avoir lieu il y a quelques années, car le produit de la pêche était trop insignifiant pour leur permettre d'établir le nombre de glacières nécessaires. L'exportation en 1864, de Christiansand, a monté à la somme de 16307 spec. d. (96573 francs); presque tout ce Saumon avait été pris

Du reste, l'emploi de la glace, pour conserver les matières alimentaires, est généralement répandu en Norvége, et nous avons remarqué dans un grand nombre de maisons particulières, ainsi que sur les paquebots, des appareils faits à l'imitation de ceux dont les Américains font usage depuis longtemps. Ce sont des caisses de dimensions variables, suivant l'importance des familles auxquelles elles servent, formées par une double paroi (une extérieure, épaisse, de bois; l'autre, interne de zinc) renfermant un corps mauvais conducteur interposé, et fermées par un double couvercle : l'un, supérieur, à double paroi; l'autre, interne, fermant simplement la cavité de la caisse. Au fond de cette cavité, on met de la glace en morceaux, ce qui abaisse suffisamment la température pour permettre la conservation prolongée des matières alimentaires.

ESTURGEON.

Le grand Esturgeon (*Acipenser huso*) est, en raison des nombreux éléments qu'il offre propres à être utilisés, chair, œufs, vessie natatoire, peau, et épine dorsale cartilagineuse, l'objet d'une pêche considérable dans les rivières qui tombent dans la mer Caspienne, et principalement dans le Volga. C'est principalement pendant l'hiver qu'on fait sa capture, au moyen de crochet, qui servent à le harponner, de filets et de lignes. Ce sont tantôt des lignes de fond très-longues, tendues en travers du fleuve, munies de distance en distance d'hameçons très-forts, et fixées à leurs deux extrémités par des pieux enfoncés dans le sol, au moyen d'une perche qui porte une douille, ce qui permet de la dégager facilement. Généralement

dans les rivières de Topdals-elv et de Torrosdals-elv et le long de la côte voisine comprise dans les districts de pêche de ces rivières. En 1865, il a été expédié, de la même ville, du Saumon pour la somme de 37 000 à 38 000 spec. d. (213 800 à 219 600 francs). Les prix ont été les mêmes que l'année précédente. On a commencé à expédier en 1864 du Saumon de Laagen, etc., en Angleterre. Cette année, le prix est monté de 1 spec. d. (5 fr. 80 c.) les 12 livres, à 2 spec. (11 fr. 60 c.), et même dans quelques localités à 6 spec. d. (34 fr. 80 c.). (Hetting, *Rapport au Storthing*.)

ces lignes sont disposées de façon que les hameçons pendent en dessous; quelquefois cependant elles sont organisées pour flotter ûn peu au-dessus du fond, et portent tantôt une seule rangée d'hameçons pendants, tantôt deux rangées, et alors la seconde est maintenue au-dessus de la ligne par de petites flottes de bois fixées à chaque hameçon. On pêche aussi l'Esturgeon au moyen de grands filets formant muraille et tendus en travers du fleuve : ces filets sont fixes ou peu-

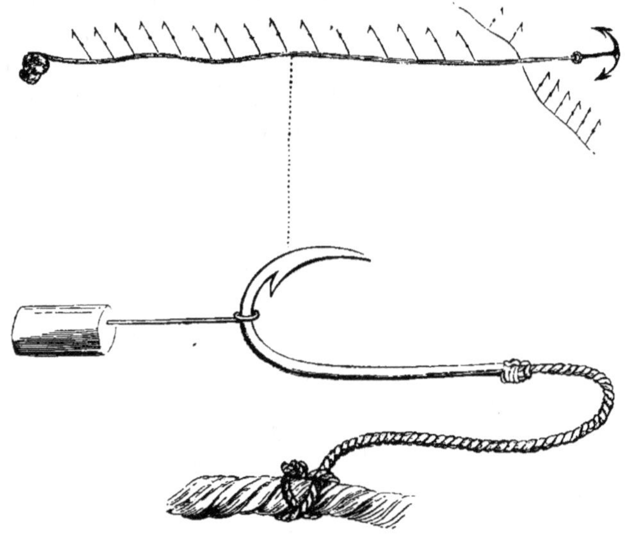

Fig. 15.

vent être mis en mouvement au moyen de barques; le barrage est constitué tantôt par un seul filet (*rejak*), tantôt par plusieurs filets fixés bout à bout (*akhani*).

Quant au Sterlet (*Acipenser ruthenus*), les Russes le pêchent dans la Dwina, au moyen de longues lignes reposant sur le sol (fig. 15) et munies de forts hameçons espacés les uns des autres d'un mètre et demi. Ces hameçons sont fixés à la ligne par des cordes plus fines et munis chacun d'une *flotte* de bois qui les soutient à une petite hauteur au-dessus du fond. Ces lignes sont quelquefois placées sous la glace par des trous que les pêcheurs y pratiquent.

Nous avons vu encore à l'exposition le modèle d'une ligne destinée à cette pêche : c'est un hameçon fixé à une corde enroulée autour d'un bâton, et dont on plonge dans l'eau la partie inférieure par un trou fait dans la glace; quand le poisson mord, il déroule la ligne, et il suffit de le haler pour s'en rendre maître.

ÉPERLAN.

L'Éperlan (*Osmerus eperlanus*), qui abonde dans les embouchures des rivières du Nord, est l'objet de la pêche des Russes, tantôt au moyen de filets à triple nappe, tantôt au moyen de lignes. C'est pendant l'hiver que s'opère cette pêche qui se fait sous la glace : les pêcheurs introduisent les filets dans l'eau par des trous faits dans la glace de distance en distance, et interceptent ainsi le passage au poisson. Quand ils font usage de lignes, ils se servent d'une sorte de manche de bois très-court, portant un fil susceptible de se dérouler et muni à son extrémité libre d'une pièce de bois qui est armée de deux hameçons fixés à une corde.

AMMODYTE.

Le Lançon (*Ammodytes lancea*), si recherché par nos pêcheurs pour servir d'appât, surtout pour le Maquereau, se pêche à l'embouchure de la rivière Voronïa (Laponie), au moyen de vastes filets de 35 à 40 brasses de long (sur 12 à 15 de hauteur), à mailles étroites, et offrant au milieu un sac très-serré dans lequel le poisson s'accumule. Rien ne ressemble plus à cet appareil que celui mis en usage à Saint-Malo par nos Bretons.

LAMPROYON.

Les Lamproyons (*Lampretten*) (1) sont, comme on sait,

(1) *Petromyzon marinus.*

d'un fréquent usage comme amorces. Nous avons trouvé à l'exposition un appareil présenté par M. Widegren (Suède) pour la capture de ce poisson : c'est une sorte de boîte en

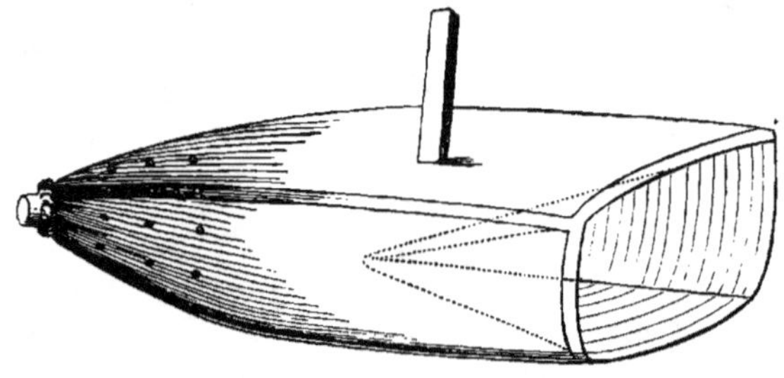

Fig. 16.

forme de nasse (fig. 16), faite de bois et percée de quelques trous vers sa partie postérieure ; elle offre une entrée en en-

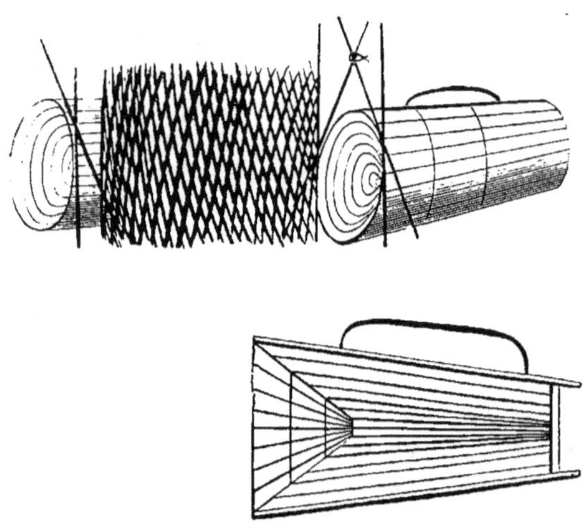

Fig. 17.

tonnoir très-allongé, et se termine par une ouverture qui se bouche au moyen d'une bonde de bois.

Il y avait également à l'exposition le modèle d'une pêcherie russe de Lamproyons, au moyen de corbeilles de bois (fig. 17)

placées de distance en distance dans un barrage fait au moyen
de branchages. Les Russes font également usage de nasses
faites au moyen de petites pièces de bois très-rapprochées,
et offrant la plus grande analogie avec les nasses de nos
pêcheurs.

Nous avons remarqué aussi, sur des modèles de bateaux
pêcheurs hollandais, des sortes de boîtes rectangulaires placées à l'avant, qui servent à conserver vivants les Lamproyons
destinés à servir d'amorces : ces boîtes sont divisées en plusieurs compartiments communiquant entre eux au moyen
de trous percés dans la cloison. Pour tenir le poisson en acti-
vité et lui conserver ainsi toutes ses qualités d'appât, on a
soin de frapper de temps à autre de petits coups sur la boîte
au moyen d'une sorte de marteau de bois, et l'on force ainsi le
poisson, que l'on effraye, à ne pas rester immobile, ce qui est
une condition de mort plus rapide.

ANGUILLE.

Les Anguilles (*Aal*), dont nous avons vu d'immenses quantités à Hambourg et en Prusse, se prennent tantôt au moyen

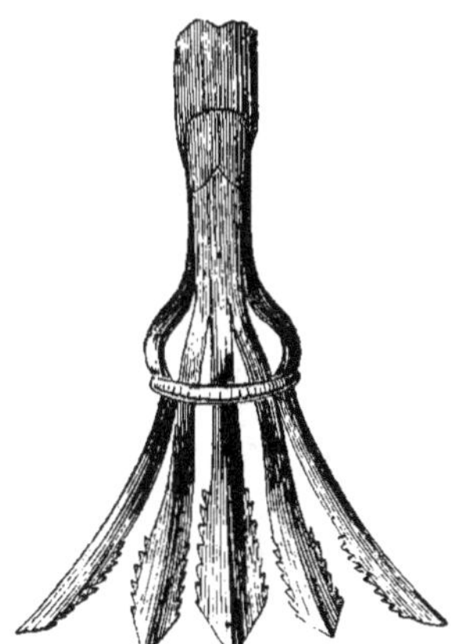

Fig. 18.

de fouênes tout à fait analogues à celles usitées dans nos pays
(fig. 18), tantôt au moyen de verveux très-allongés, dont un

modèle était présenté par M. Hellmuth Schröder de Stettin.

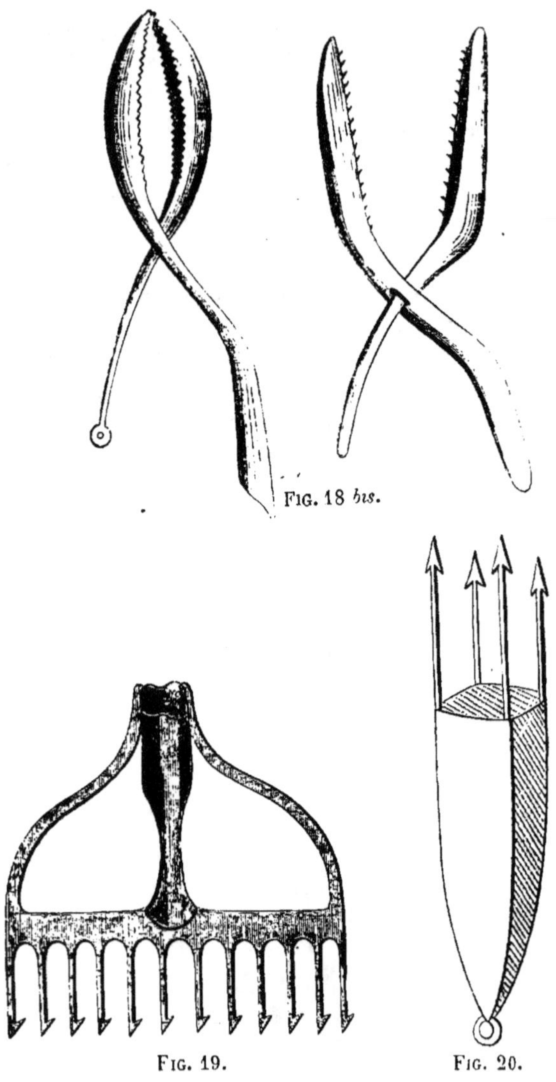

FIG. 18 *bis*.

FIG. 19.   FIG. 20.

Nous avons vu aussi des sortes de pinces, exposées par des
Suédois, pour s'emparer de ces poissons : ces pinces, faites

de fer ou de bois, sont munies de dents et de pointes qui empêchent l'Anguille de glisser, une fois qu'elle est saisie (fig. 18 *bis*).

L'exposition présentait encore diverses sortes de fouênes (fig. 19 et 20) destinées à la capture des poissons plats (*Pleuronectes*), et ne différant en rien de celles que nous voyons employer sur nos côtes.

MORUE.

Les poissons du genre *Morue* (*Gadus*) abondent sur les côtes de Norvége, où ils sont la source de richesses considérables (1), car ils forment une mine inépuisable qui se renouvelle chaque année. Les principales espèces sont : le *Gadus morrhua* (2) (*Kabljau, Torsk, Smaatorsk*); *Gadus callarias* (3); *Gadus molva* (4) (*Langen*); *Gadus carbonarius* (5) (*Sei, Graasei*); *Gadus pollachius* (*Haakjerius, Lyren*), et *Gadus æglefinus* (6) (*Hyse*).

Les Morues forment trois courants, l'un qui descend vers Christiansund, l'autre qui remonte vers le Finmark et Nord-Cape, tandis que le troisième pénètre dans un immense golfe, circonscrit par les iles Löffoten, le Vestfjord, qui a plus de quarante lieues de profondeur et de quinze à l'embouchure (7).

(1) Produit de la pêche, année moyenne : 24 millions à Löffoten ; 5 à 6 millions à Rumsdalen ; 6 à 7 millions à Finmark.

(2) *Asellus major.*

(3) *Asellus striatus*, abondant surtout aux îles Löffoten.

(4) *Asellus longus.*

(5) *Asellus minor.*

(6) Le plus ordinairement cette dernière espèce est mangée fraîche.

(7) Le Vestfjord, qui, depuis l'île de Rost, la dernière des Löffoten, jusqu'au petit canal séparant Hindo de la terre ferme, mesure une longueur d plus de cent trente milles, se distingue des autres fjords de Norvége en ce qu'au lieu de s'enfoncer directement dans les terres, il est formé en plein Océan par les deux branches d'un angle aigu, dont l'une s'appuie au continent et l'autre à l'archipel des Löffoten, alignées sur une longue ligne de brisants qui court du sud-ouest au nord-est. La nature septentrionale ne saurait nous offrir un spectacle plus étrange. (Louis Enault, *loc. cit.*, p. 338.)

Le poisson vient surtout dans le Vestfjord, en février et mars, chercher un refuge contre les tempêtes du grand Océan, et trouve, pour y déposer les œufs qui distendent son corps, un milieu propice dans les eaux échauffées de la branche N.-E. du Gulfstream, qui se termine sur la côte scandinave. Tandis que la Morue du Vestfjord se trouve ainsi remplie d'œufs (*rogue*), celle qui se pêche sur la côte de Finmark est presque vide; elle n'est pas attirée vers les rivages par le besoin de la reproduction, mais vient poursuivre jusqu'au fond des fjords le Capelan (*Osmerus arcticus*), auquel elle fait une chasse active. Il résulte de ces deux conditions différentes deux sortes de produits obtenus par des pêches qui se font à des époques différentes, celle du Vestfjord, durant du 15 janvier au 15 avril, celle du Finmark, se faisant pendant l'été.

Les Norvégiens emploient, pour capturer la Morue, tantôt les lignes, tantôt les filets.

La pêche *à la ligne*, préférable pendant les jours d'été, car alors le poisson évite facilement les filets, ou lorsqu'il se tient dans les eaux les plus profondes, se fait tantôt au moyen de lignes couchées sur le fond et garnies d'hameçons distants d'un mètre environ, qui flottent un peu au-dessus du sol, tantôt au moyen de lignes flottant entre deux eaux et maintenues au moyen de *flottes* (1). Ces lignes ont environ 3000 aunes de longueur (3500 mètres), et portent douze cents hameçons environ. Cette pêche se fait aux îles Löffoten, et surtout sur les côtes de Rumsdalen et de Finmark.

La pêche de la Morue aux filets, qui a augmenté considérablement le produit du Löffoten, a été introduite vers 1685 par un négociant de Borgund, Claus Niels Sliningen, et est aujourd'hui presque exclusivement employée dans le Nord-land; mais ce ne fut pas sans une vive opposition de la part

(1) Les pêcheurs norvégiens font un grand usage de *flottes* de verre pour remplacer celles de bois ou de liége : ce sont des boules ou des ovoïdes piriformes, plus ou moins volumineux, qu'on emploie nus ou protégés contre les chocs par une armature de corde et d'osier, goudronnée ou non. Leur usage est devenu général aujourd'hui, et l'on n'emploie plus guère les *flottes* de bois que là où il y a des courants très-violents.

des pêcheurs que cette innovation fut acceptée. Ces filets ont 60 aunes (65 mèt. environ) de longueur, sur 7 (8 mèt. environ) de profondeur ; leur maille a 3 à 4 pouces (1 décimètre) de carré ; ils sont tannés quand ils servent sur les fonds sombres, ou n'ont subi aucune préparation quand ils doivent être tendus sur des fonds clairs (il en est de même, du reste, des lignes) ; leur partie inférieure est munie d'un grand nombre de cordes garnies de poids pour tenir le fond, et dont la longueur varie suivant les localités. Ces filets, qui sont jetés le plus souvent par plus de 200 mètres de fond, forment des murailles dans lesquelles le poisson se prend. On les jette à la mer à l'entrée de la nuit, et on les retire le lendemain au jour (1). Chaque bateau a un patron, élu pour une année, qui le conduit à une station déterminée, pour éviter les collisions entre pêcheurs, et qui détermine le moment où les filets doivent être placés. « Autour des côtes de Löffoten, les poissons des» cendent en si grande quantité, qu'ils s'entassent les uns sur » les autres et forment souvent des couches compactes de » plusieurs toises de hauteur. Le patron jette la sonde dans » la mer, et là où il la sent rebondir sur le dos des poissons, » comme sur un roc, il s'arrête et commence la pêche (2). »

Au Finmark, la pêche est moins fructueuse qu'aux Löffoten, et de plus, comme nous l'avons dit plus haut, le poisson ne fournit presque plus de *rogue* (3).

Les Suédois ne font presque jamais usage que d'hameçons flottants pour la pêche de la Morue, de même que les Hollandais et les Anglais ; mais ces derniers emploient exclusivement des lignes à fil toujours tanné et sans *flottes*.

---

(1) La pêche aux filets donne les poissons les plus gros et les plus gras, qui généralement mordent mal à l'hameçon. Les pêcheurs disent que le poisson le plus gros et le plus gras affectionne les bas-fonds, tandis que le plus maigre se tient le plus près de la surface et au-dessus des autres. Le dernier mord seul à l'hameçon, et est toujours pris aux filets comme le poisson gras. (Framery.)

(2) Marmier, *Voyages en Scandinavie, etc.* Relation, t. I, p. 127.

(3) Il est à remarquer que, depuis plusieurs années, la pêche de Finmark tend à devenir de plus en plus productive.

Les Russes, sur les côtes de la Laponie, font usage, pour pêcher la Morue (1), de lignes tendues au fond de la mer, et d'une longueur considérable : sur la côte de Kandalakcha, les lignes sont armées chacune de deux hameçons (fig. 21), tan-

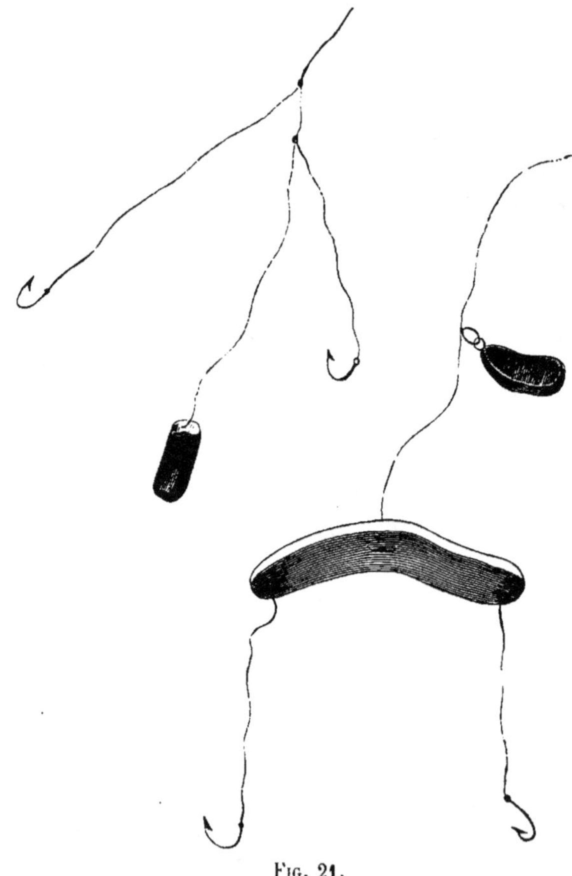

Fig. 21.

tôt attachés directement au fil, tantôt, au contraire, éloignés l'un de l'autre par une pièce de bois (1). Généralement les em-

(1) Ainsi que l'*Hippoglossus maximus.*
(2) La pêche du *Gadus nawaga*, aux embouchures des rivières du Nord,

barcations russes offrent des compartiments dans lesquels on place le poisson, préparé immédiatement après sa capture ; procédé qui en facilite singulièrement la conservation.

Sur la côte de Norvége, le *Gadus carbonarius* est généralement pêché au moyen de grands filets en nappe formant *carrelet*, et dont les bords sont soulevés par quatre embarcations. La pêche du *Gadus virens* (*Saïda*) par les Russes, en Laponie, se fait d'une manière presque identique.

L'immense quantité de Morues prises par les Norvégiens nécessite l'emploi de divers procédés pour assurer la conservation de cette matière alimentaire, qui est ensuite exportée au loin jusqu'en Espagne et au Brésil. Quel que soit le procédé auquel on a recours, la dessiccation à l'air, qui donne le *stockfisk*, ou la salaison, qui donne le *klipfisk*, une condition essentielle pour que le produit soit de bonne qualité, c'est qu'on ait opéré sur du poisson bien frais.

Le *stockfisk* (*poisson de bois*), toujours préparé sur place, est la Morue qui a été simplement desséchée à l'air sous l'influence d'une température très-basse et de vents secs. Après avoir *habillé* la Morue, on la laisse pendant quelque temps, cinq à six semaines, suspendue à des séchoirs jusqu'à ce qu'elle ait acquis la dureté nécessaire. On en distingue trois sortes : 1° Le *rundfisk* (*poisson en rond*), qui se fabrique seulement de janvier à avril, lorsque règnent les vents du nord, qui sont les plus favorables à la dessiccation. On fend le poisson par le ventre jusqu'au nombril, et on l'attache à des perches pour l'exposer à l'air : sous l'influence de la dessiccation, le poisson se contourne et revient sur lui-même ; il devient rond (d'où le nom qui lui a été donné), et prend une consistance telle, qu'il est presque inattaquable aux insectes, et est d'une conservation très-facile dans les magasins, où on l'empile comme on ferait de pièces de bois. 2° Le *russefisk*, qui se distingue du précédent en ce que le poisson a été fendu

se fait au moyen de lignes assez semblables à celles de la côte de Kandalakcha, et qui sont les mêmes que celles usitées pour la pêche de l'*Osmerus eperlanus*.

par le dos jusqu'à la queue, et du côté du ventre jusqu'au nombril. 3° Le *rodskjœr*, qui est fendu des deux côtés jusqu'à la queue (1); on enlève l'arête, et l'on suspend les deux moitiés, réunies encore par la queue, à des pieux, pour les sécher. On choisit, pour le préparer, les Morues les plus grasses et les plus épaisses. Le *rusfisk* et le *rodskjœr* ne se préparent guère qu'après avril, alors que le temps n'est plus assez sec pour enlever toute leur humidité à des poissons laissés presque dans leur entier.

Le *klipfisk* (*poisson de rocher*), qui est surtout destiné à l'exportation la plus éloignée, subit la double préparation de la salaison et de la dessiccation. On met les Morues dans de grandes caisses de bois remplies d'eau salée, et on les y laisse séjourner sept ou huit jours; puis on les retire et on les empile à l'air pour leur laisser perdre l'eau qui les imprègne; après quoi on les étend sur des rochers et sur le sol, jusqu'à ce qu'elles soient complétement desséchées (2), moment où on les emmagasine, en ayant soin de les préserver de l'humidité.

A l'époque où les Morues arrivent dans le Vestfjord, elles viennent, d'après ce que disent les pêcheurs, dans un certain ordre. Les mâles se tiennent toujours à une plus grande profondeur en dessous des femelles, et laissent tomber leur laite sur le fond, où ils trouvent des conditions favorables au développement de leurs petits. Quand les mâles ont ainsi évacué leur liqueur séminale, les femelles, disent-ils, laissent tomber leurs œufs, si nombreux, que l'eau en est chargée. Leur nombre est immense, et elles peuvent fournir de grandes quantités de *rogue*, si estimée des pêcheurs. Pour cela, les Norvégiens ont soin, au fur et à mesure qu'ils les *habillent*, de retirer les deux paquets constitués par les ovaires, et les mettent avec du sel dans des barriques percées de trous, pour laisser écouler la saumure : ils obtiennent ainsi la *rogue*, si estimée des pê-

_____

(1) Les pêcheurs font quelquefois aussi subir, sur place, la même préparation à quelques Raies, Turbots et Lingues (*Gadus molva*).

(3) Nous avons vu un modèle d'exploitation de ce genre fait par les Russes à Gavriloskaïa, sur les côtes de Laponie.]

cheurs de Sardines du Morbihan et du Finistère (1). Comme ces ovaires s'affaissent très-rapidement (au bout de trois ou quatre jours), ils ont soin d'en rajouter de nouveaux jusqu'à ce que le baril soit plein. Ce produit est susceptible de se conserver en bon état pendant plusieurs mois; mais, au moment de l'expédition, ils le *repaquent* avec un dixième de sel en plus. Il est fâcheux que les rogues tirées de Terre-Neuve ou d'Islande (2) ne puissent pas remplacer celles de Norvége (3), car, malgré les primes établies (20 francs par tonne) pour en favoriser la fabrication par nos marins, et malgré le prix élevé de cette dernière, c'est toujours à elle que nos pêcheurs de Sardines donnent la préférence. La rogue, qui vaut, au départ de Löffoten, de 22 à 28 francs le baril norvégien, passe entre les mains des négociants du Nordland, puis de ceux de Bergen, puis des armateurs français, de telle sorte qu'au moment où le pêcheur de Sardines la reçoit, son prix s'est élevé à 52 ou 58 francs, c'est-à-dire a presque doublé (4). Cette fabrication occasionne une perte

(1) La rogue, très-employée sur les côtes du Finistère et du Morbihan, ne l'est au contraire pas sur celles de Normandie. Les neuf dixièmes viennent des Löffoten.

(2) Une des causes qui tendent à l'infériorité des rogues de Terre-Neuve est que les pêcheurs français vont presque toujours y faire la pêche après le moment de la fraie des Morues, et ne trouvent plus le poisson en aussi bon état, c'est-à-dire ayant des ovaires bien grainés. On dit aussi que le prix de cette marchandise ne compense pas, malgré les primes qui sont accordées, la perte de temps que nécessite sa préparation, et qu'un trancheur qui, dans un temps donné, habille cent morues, pourrait à peine en apprêter vingt-cinq, en raison des précautions qu'exige l'opération. (Milne Edwards, *Mémoire sur la pêche de la Morue à Terre-Neuve.*)

(3) En 1860, la pêche s'étant effectuée trop tard, il n'a été recueilli aux îles Löffoten que 16 000 tonnes (la tonne = 1 hect., 16) de rogue, d'une valeur de 19,95 à 25,08 la tonne sur les lieux. La production d'Aalesund, Molde et Christiansund a été de 5000 tonnes environ. (*Annales du commerce extérieur*, n° 1398, *Suède et Norvége*, 1862.)

(4) Le commerce français des *rogues* prend chaque année à la Norvége un million de francs environ de ce produit, et, dans ces achats, l'Espagne est notre concurrent. Voici comment se fait ce commerce : Sur les lieux de pêche, le pêcheur apporte ses rogues aux marchands du Nordland qui, éta-

considérable de frai; mais le nombre des Morues qui viennent s'accumuler dans le Vestfjord est tellement considérable, qu'elles s'entassent les unes sur les autres, et forment des couches compactes sur lesquelles la sonde rebondit sans pouvoir les pénétrer. (Énault.)

Une autre industrie considérable se fait encore aux îles Löffoten et sur les points du Finmark où l'on pêche la Morue : nous voulons parler de la fabrication de l'huile de foie de Morue. Plusieurs procédés sont mis en usage, qui ne sont, à proprement parler, que des modifications les uns des autres, mais qui cependant ont une influence marquée sur la valeur des produits.

Jusqu'à ces dernières années, l'huile de foie de Morue, qui n'était pas encore entrée dans le domaine de la thérapeutique aussi complétement qu'elle l'est aujourd'hui, était fabriquée par fermentation, c'est-à-dire que les foies étaient empilés dans des barils ou autres vases et abandonnés à eux-mêmes, et que l'on recueillait l'huile au fur et à mesure qu'elle venait surnager la masse. On obtenait ainsi une huile toujours assez colorée

blis sur différents points de cette côte immense, centralisent la vente par zones, et selon le produit total et les indications qui leur ont été données de Bergen, payent le pêcheur à l'issue de la campagne. Il ne se fait pas d'achats auparavant. Le Nordlandais fait subir à la marchandise une première et une seconde salaison, la renferme dans de mauvaises futailles, qui devront être remplacées plus tard, et la porte lui-même dans son jœgt au marchand de Bergen, qui a eu soin de lui faire connaître d'avance quels prix il pouvait payer au pêcheur, eu égard au rendement de la pêche et aux approvisionnements de l'année précédente restés en magasins, soit en France, soit en Norvége. On voit que le pêcheur est à la merci du Nordlandais, et le Nordlandais à celle du marchand de Bergen. Mais les exportateurs de Bergen, qui dominent absolument la situation vis-à-vis de leurs vendeurs, la dominent également vis-à-vis de leurs acheteurs, les commissionnaires pour compte français; ils sont coalisés pour imposer leur prix tant au Nordlandais qu'au Français..... Qui souffre de cet état de choses? Le pêcheur et l'acheteur définitif, le Français. Il y aurait grand bénéfice à pouvoir supprimer les trois intermédiaires qui s'interposent entre eux..... Il faudrait que les intérêts français eussent sur les lieux mêmes un représentant pour centraliser les achats, et plusieurs voyageurs pendant la saison de la pêche. (*Annales du commerce extérieur. — Moniteur universel*, 9 août 1863.)

et ayant une saveur qui la rendait repoussante au dernier degré pour la plupart des malades. Un peu plus tard on eut l'idée de chauffer les foies pour obtenir plus rapidement la séparation de l'huile.

Dans ce procédé encore employé dans quelques petites usines du Nordland, on mettait les foies dans des vases de bois, où l'on faisait arriver la vapeur directement sur les foies. On obtenait ainsi une huile laiteuse et trouble, dépourvue de mauvais goût, mais à laquelle on reproche d'être privée en partie de ses principes bromurés et iodurés, par suite de leur dissolution dans l'eau. Nous avons vu à l'exposition de Bergen un modèle présenté par M. Jordan, de Trondhjem (fig. 22),

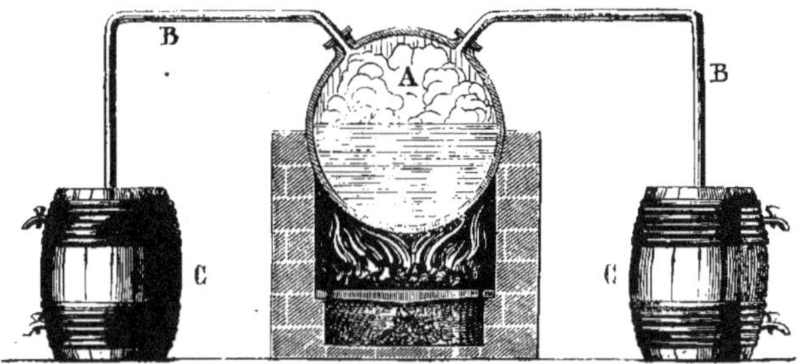

Fig. 22.

représentant un générateur qui porte, au moyen de tuyaux, sa vapeur dans des tonneaux remplis de foies, et munis à diverses hauteurs de robinets pour faire sortir l'huile au fur et à mesure de sa formation : celle obtenue en premier lieu est beaucoup moins colorée que celle obtenue à la fin de l'opération.

Aujourd'hui, presque partout en Norvége on opère au moyen d'appareils chauffés par la vapeur, sans mettre celle-ci en contact avec les foies. Le modèle d'exploitation exposé par M. Lauritz Devold, d'Aalesund, nous a montré un appareil (fig. 23) dans lequel les foies (1) sont chauffés par un jet de

______

(1) Au fur et à mesure que les foies sont débarqués, ils sont disposés dan de grandes cuves où ils attendent le moment d'être mis en exploitation. Pour obtenir de beaux produits, il est essentiel que les foies soient employés aussi frais que possible.

vapeur qui circule dans des vases à doubles parois A. Quand
on juge que l'huile est sortie des foies en suffisante quantité,
on verse le contenu des vases, huile et foies, sur un vase B,

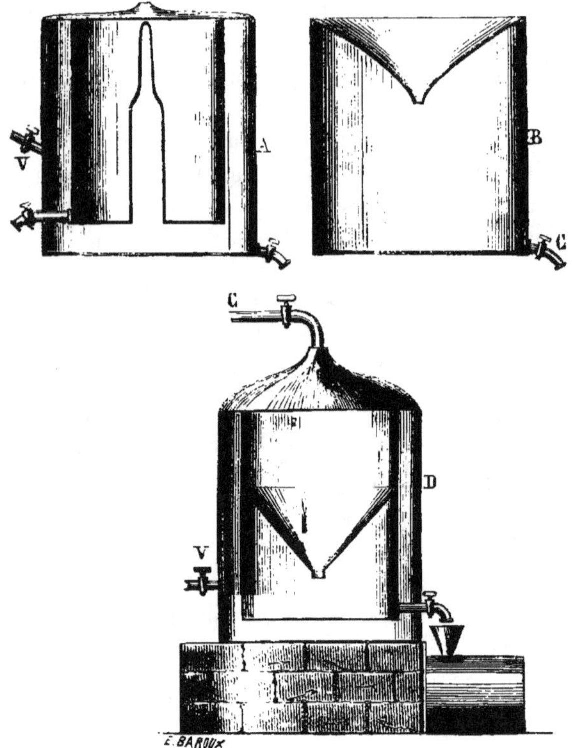

FIG. 23.

qui présente à sa partie supérieure un entonnoir très-évasé
dans lequel se fait une séparation rapide, mais assez grossière,
de l'huile et des parties solides. Puis l'huile est portée, au
moyen d'un tuyau C, à l'étage inférieur, où elle arrive dans
un filtre à double paroi D, chauffé dans la vapeur, qui permet
sa filtration complète et son épuration.

Les Russes, à l'établissement qu'ils ont formé à Storwaa-
gen (Löffoten), opèrent au moyen d'une chaudière à double

fond (fig. 24), encastrée dans un massif de maçonnerie, où ils chauffent les foies au *bain-marie*. Ils passent d'abord

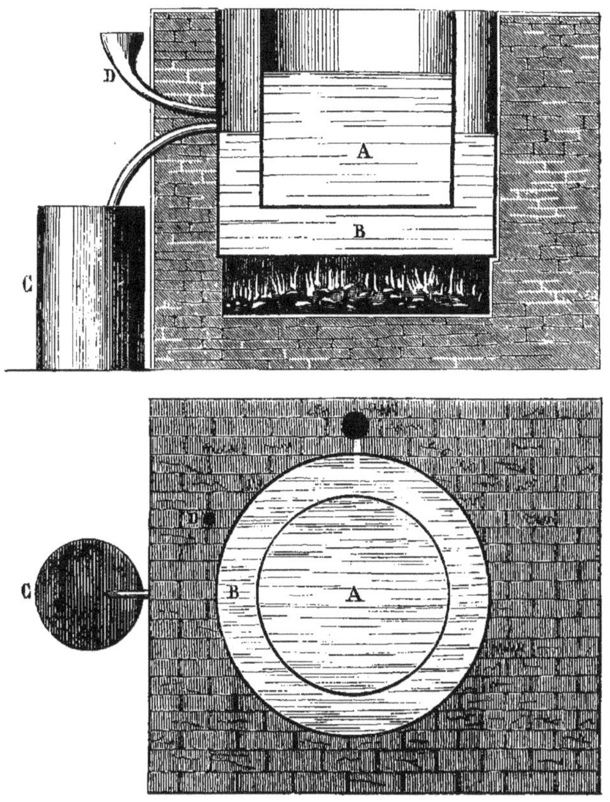

Fig. 24 (1).

l'huile obtenue sur un filtre (fig. 25) formé de pièces de bois très-rapprochées les unes des autres, pour séparer l'huile des jragments du foie, et épurent le produit par une filtration lente sur des *chausses* de laine portées par des *cadres* de bois.

(1) A, bain-marie dans lequel sont placés les foies. B, cucurbite. C, récipient pour recevoir l'excès d'eau. D, entonnoir pour charger la cucurbite.

Nous avons aussi trouvé à l'exposition un appareil de
M. James Young, de Glascow, basé sur le même principe de

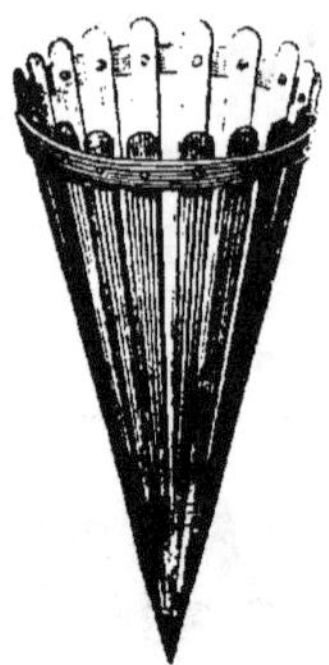

Fig. 25.

chauffage par la circulation de la vapeur dans des doubles
fonds (fig. 26), mais où la filtration se faisait au moyen de
chausses de laine E, suspendues au-dessous d'une cuve de
bois doublée de métal D.

Nous avons vu à Bergen un appareil fait par un de nos compatriotes, M. Bouilly; qui nous a paru le plus simple et le plus
commode de tous (fig. 27). Cet appareil de fonte avait un foyer
séparé qui chauffait quatre petits récipients : aujourd'hui la
chaudière est de tôle et fournit de la vapeur à quatre grands
récipients à double fond.

Les foies de Morue doivent être frais ; ils sont jetés dans une
chaudière à double fond de la contenance de trois ou quatre
barils, chauffée à la vapeur. Au fur et à mesure que l'huile se
sépare, on la recueille et on la fait refroidir dans de grands
bassins dits *kyler*. Pendant son refroidissement, elle se cla-
rifie, cesse d'être trouble, et forme un dépôt assez abondant;
on la décante, et on la conserve dans des vases de fer-blanc, qui
sont préférables aux tonneaux de bois, lesquels pourraient
donner de la coloration à *l'huile très-blanche* obtenue dans le
commencement de l'opération.

Quand les foies placés dans les chaudières à double fond ne

donnent plus d'huile blanche, on les retire pour les verser
dans une chaudière de fonte, de la contenance de trois à

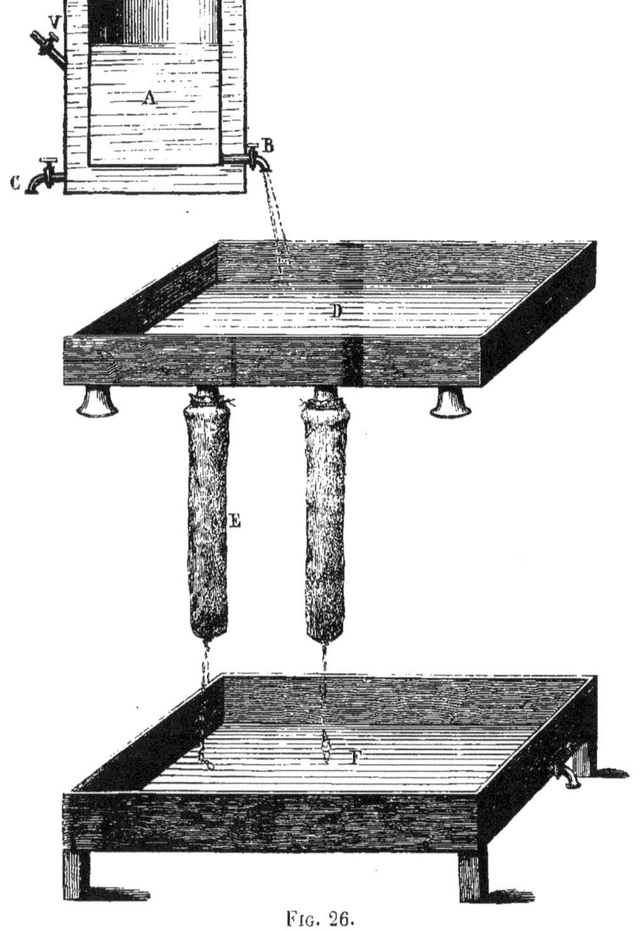

Fig. 26.

quatre barils, et chauffée à sec sur un foyer maçonné, avec
canal circulaire de brique pour conserver la chaleur. On
remue les foies pendant qu'ils sont chauffés, et l'on obtient
ainsi l'*huile blonde*, dont les Norvégiens font très-grand usage
pour l'éclairage.

Quand on a retiré à feu doux toute l'huile blonde, on pousse le chauffage, et l'on fait bouillir pendant dix heures environ pour obtenir l'*huile brune*, employée surtout par l'industrie.

Le résidu, qui a l'aspect d'une résine, est vendu à raison d'un *species* (5 fr. 80 c.) le baril, aux agriculteurs, qui s'en servent comme engrais, et arrosent les prairies avec le liquide dans lequel ils ont dissous ce résidu.

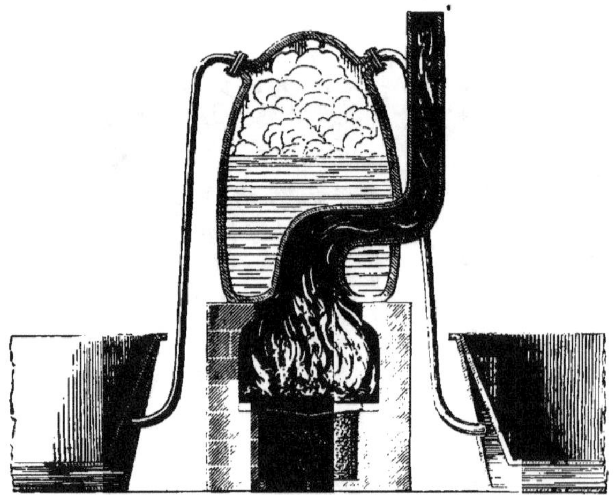

Fig. 27.

Le système de fabrication norvégienne est loin, en général, de dépouiller complétement les foies de toute leur huile : aussi un de nos compatriotes établi aux Löffoten, M. Rohart, a-t-il eu l'idée de racheter ces foies, incomplétement dépouillés, pour extraire le reste de l'huile, et introduire les résidus dans le guano de poisson qu'il fabrique avec les résidus (têtes, viscères, vertèbres, issues) des poissons, qui jusqu'alors étaient jetés à la mer.

Les huiles de foies de Morue faites dans la plupart des fabriques de Norvége passent presque toutes par Hambourg ou par l'Angleterre, au lieu de nous arriver directement; aussi n'est-il pas étonnant qu'il y ait un écart aussi considérable entre les prix du Nord et ceux du marché français (du simple au double). Or, la consommation française en 1864, pour les huiles destinées à la corroyerie, s'est élevée à 1 841 576 kilogrammes, dans lesquels les produits des pêcheries françaises n'entrent que pour un dixième. En 1864, la consommation française pour les huiles médicinales a été de 2 293 965 kilogrammes, dont 1 734 341 kilogrammes proviennent des pêches françaises du grand Banc. Il y aurait donc avantage à ce que nous pussions nous fournir directement aux lieux de production, et, d'autre part, à ce qu'une maison française prît l'exploitation des Löffoten en main (Rohart).

Pour tirer parti des débris composés de têtes, viscères et vertèbres, qui restaient de la préparation du poisson, et qui ne donnaient autrefois que de l'embarras (car, jetés à la mer, ils portaient préjudice aux poissons, ou jetés sur les rivages, ils infectaient l'air), on a eu l'idée de les convertir, comme nous l'avons dit plus haut, en engrais (1), et nous avons trouvé à l'exposition des spécimens de guano présentés par une société norvégienne (*det·norske Fiskeguano Selskab*). Ces guanos, d'après les expériences de M. le professeur Stöckhardt, de Tharand (Saxe), pourraient remplacer le guano du Pérou, car, employés pour les semences du printemps et en même quantité que celui-ci, ils ont donné à peu près les mêmes résultats. Il résulte des analyses faites par MM. Stöckhardt, Örsted et Groth, et Ditten, que ces guanos sont riches non-seulement en principes organiques, mais aussi en phosphates (2).

(1) Une petite partie de ces débris était utilisée pour la nourriture des bestiaux, comme cela a lieu dans presque toutes les contrées polaires.

(2) Les analyses de ce guano donnent :

	Eau.	Parties organiques.	Phosphate de chaux.	Sels alcalins et chlorure de sodium.	Carbonate de chaux.	Sable.
Stöckhardt (1860)...	12,3	53,7 (a)	30,5	3,0	»	0,5
Örsted et Groth (1861.	16,04	50,74 (b)	26,04	» 6,90	»	0,28
Id.	14,31	53,31 (c)	25,90	» 5,86	»	0,62
Ditten.........	13,00	55,28 (d)	25,79	3,67	2,06	0,23

(a) 9,9 pour 100 d'ammoniaque.
(b) 9,58 id. id.
(c) 9,70 id. id.
(d) 10,98 id. id.

La même société a pensé devoir fabriquer une *farine de poisson* qui permit d'employer ce poisson (*stockfisk*) sans être obligé de le faire séjourner dans l'eau pendant plusieurs jours, ce qui lui retire une partie de ses propriétés nutritives. Les premiers essais donnaient une poudre ayant au plus haut degré une odeur et une saveur âcres de poisson sec, qui ne permettaient pas de la faire entrer dans la consommation ; mais, depuis, M. le professeur Rösing, d'Aas, a trouvé le moyen de faire disparaître ce goût âcre et désagréable en chauffant la farine de poisson à une température un peu moindre que 100 degrés. Nous avons goûté, à bord de la frégate *la Pandore*, qui était mouillée à Bergen pendant notre séjour, du pain fait avec cette farine de poisson et une certaine quantité de farine ordinaire, et nous avons reconnu qu'on pouvait faire ainsi un aliment qui, sans être très-délicat, pouvait rendre des services ; et nous pensons qu'il pourrait, dans des circonstances spéciales, être employé avec avantage, en raison de la forte proportion de phosphates qu'il contient.

L'*engrais poisson* de M. Rohart se présente sous forme d'une poudre grossière jaunâtre, très-sèche et aussi facile à manier et à répandre que de la terre sèche très-meuble : son odeur, qui n'a rien d'excessif, rappelle celle du hareng saur ou de la morue ; mis dans l'eau, il s'y gonfle et y devient soluble en partie. Quand on l'examine de près, on voit que ses éléments se composent de fragments à peu près uniformes de volume, qui sont jaunes, translucides comme de la gomme, ou noirs comme du sang desséché, ou de nature osseuse et cartilagineuse. On sait depuis longtemps que les débris de poissons doivent leur puissante action fertilisante à leur richesse en matières azotées et en phosphates terreux. Les analyses faites par MM. Girardin, Malaguti, Bobierre et Is. Pierre ont en effet démontré que cet engrais était très-riche en ces éléments indispensables à la production végétale, et se rapprochait beaucoup de la composition du guano du Pérou. Cela n'a rien qui doive surprendre, car l'un et l'autre engrais ont la même origine : le poisson, dans un cas, a été traité par l'industrie humaine ; dans l'autre, il a subi l'action puis-

sante par la voie digestive du *guanaes*. Il y a analogie, non
identité, car le guano de Norvége est en général moins azoté
que celui du Pérou, mais il est plus riche en phosphates ; il
compense d'ailleurs cette infériorité en azote par cette cir-
constance que cet élément y est conservé à l'état de combi-
naison stable tant que l'engrais est sec, se décomposant avec
lenteur sous l'influence de l'humidité, et le fournissant ainsi
peu à peu aux plantes (1). La fabrication de ces engrais de
poisson doit donc être encouragée, car elle concourt à la fois
à l'amélioration du sort des pauvres pêcheurs norvégiens et
des cultivateurs français, et fournit le moyen de reprendre à
la mer, ce réservoir de vie d'une éternelle et incommensurable
fécondité, la masse de matières fertilisantes qu'elle avait reçue
des fleuves au détriment de nos champs.

L'exploitation des Löffoten emploie environ trois mille bateaux, montés chacun par cinq hommes, qui se livrent à la
pêche de janvier à avril (2), et recueillent des masses considérables de poisson. On pourrait craindre que cette pêche
n'amenât la destruction du poisson; mais il abonde en telle
quantité, que c'est à peine s'il se fait des vides au milieu de
ces myriades de Morues, et que, par suite, l'homme, quelle
que soit la quantité qu'il pêche, n'est pas capable de faire disparaître cette espèce du Vestfjord.

GADE VERDÂTRE.

Cette espèce de *Gade* (*Gadus virens*), redoutable pour les
pêcheurs de Harengs, dont elle brise les filets quand elle est
surprise par eux au milieu de sa chasse parmi les Clupées,
est elle-même l'objet d'une pêche importante en Norvége,
dont on évalue la valeur à plus de 2 millions de francs chaque
année. Abondante sur toute la côte du Nordland, elle se ren-

(1) La moyenne des analyses faites par M. Bobierre donne pour les guanos
de Norvége 8,75 pour 100 d'azote et 27,75 pour 100 de phosphates, tandis
que la moyenne des guanos du Pérou et du Chili est de 8,20 pour 100 pour
d'azote et 20 à 25 pour 100 de phosphates.

(2) *Péche de la Morue en Norvége en* 1860. — Elle a duré de la fin de jan-

contre fréquemment de juin à octobre dans le Finmark et descend quelquefois jusqu'à Stavanger. On la pêche au moyen de cordes sans plomb qu'on laisse traîner derrière les canots, ou au moyen des filets ordinaires qui servent à la pêche de la Morue : mais les meilleurs procédés sont de la seiner dans les fjords au moyen de filets longs et très-résistants, ou, comme nous l'avons dit déjà (page 54), au moyen de filets en nappe longs de 40 mètres sur 30 ou 35 de large, qu'on plonge par 10 à 12 mètres sur le fond, et qu'on relève au moyen de quatre bateaux, dès qu'on aperçoit, à travers l'eau

vier au milieu d'avril, et s'est faite depuis Bergen jusqu'au Finmark septentrional, mais surtout aux îles Löffoten.

Cette pêche a occupé :

> 5675 embarcations montées par 24266 hommes, dont 13038 ont pêché au filet et 11228 ont pêché à la ligne.

> 501 bâtiments de transport (pour acheter le poisson ou servir de logement aux marins), d'une capacité de 210350 tonnes, ayant 2342 hommes d'équipage.

Les produits ont été :

Morue salée sur place : 21000000 de poissons,
> donnant 12000000 séchés, salés, aplatis et ouverts ;
> 9000000 séchés, salés, mais non aplatis.

> (Ils ont fourni 18900 tonneaux de 1000 kilogrammes ; le reste a été consommé pendant la pêche ou perdu. — Le tout de très-bonne qualité.)

Huile, 40000 tonnes, ce qui dépasse la proportion ordinaire.

Rogue, 16000 tonnes, ce qui est au-dessous. (La pêche s'est faite trop tard.)

Les prix ont été plus élevés que d'ordinaire, à cause de l'improductivité du Finmark.

Poisson frais, de 26 fr. 22 c. à 32 fr. 27 c. le grand cent de 120.
Foies de Morue. 28 fr. 50 c. à 31 fr. 23 c. la tonne.
Rogues. . . . . 19 fr. 95 c. à 25 fr. 08 c. la tonne.

Les frais de surveillance et de contrôle de l'Etat ont été de 40000 francs environ.

(Annales du commerce extérieur, n° 1398, Suède et Norvége, 1862.)

limpide du Nord, qu'un certain nombre de poissons sont au-dessus du filet.

HARENG.

Le Hareng (*Sild*) (1) n'est pas moins abondant sur la côte de Norvége que la Morue, et est l'objet d'une pêche active, qui est généralement faite par les populations des côtes. Il se montre depuis l'extrémité inférieure du royaume jusqu'à son extrémité nord, c'est-à-dire depuis Mandal jusqu'à Nord-Cape, mais sa pêche se fait à deux époques différentes, l'une en hiver, l'autre en été.

Le Hareng a été l'objet de recherches très-importantes de M. Bœck fils, chargé par le gouvernement norvégien d'une mission dans ce but; et il résulte de ses observations très-minutieuses, que ce poisson n'est pas aussi voyageur qu'on le croyait. Le Hareng n'est pas *migrateur*, car presque chaque localité possède son espèce particulière; ce qui ne peut s'expliquer, si l'on admet encore le long voyage entrepris chaque année du nord vers les régions tempérées. D'après M. Bœck, le Hareng vit dans les vallées profondes sous-marines, entre le 47ᵉ et le 67ᵉ degré de latitude, qu'il quitte pour se rapprocher de la côte quand le besoin de frayer le pousse, et vers lesquelles il redescend ensuite. (Pendant ce déplacement, il laisse échapper les œufs par 10 à 150 brasses de profondeur; on en a surtout trouvé à 100 brasses.) L'opinion du naturaliste norvégien est que le Hareng ne s'éloigne guère de plus de 7 milles norv. (11 kilom. 1/2) de la côte. Un peu plus tard, il y a une seconde apparition de poisson, que les naturalistes écossais rapportent à une seconde saison

(1) *Clupea harengus*. On pêche également dans les fjords méridionaux le *Mélet* ou *Esprot* (*Clupea sprattus, Brisling*), qui est surtout abondant aux environs de Bergen, et qu'on prend au moyen de filets de barrage à mailles très-fines : on en prépare environ 50 000 barriques par an, qui sont consommées dans le pays. Bien que ce soit un poisson assez délicat, sa valeur n'est pas considérable, et on le met simplement en couches dans des barils, avec du sel et quelques épices ; on le prépare quelquefois aussi sous forme d'Anchois.

d'amour, mais dans laquelle il est plus simple de ne voir que le besoin de se reconforter, car ces Harengs de seconde pêche ont leurs organes génitaux vides. M. A. Bœck a remarqué que les Harengs nagent contre le courant, en se nourrissant de crustacés microscopiques et d'animaux inférieurs ; ils abandonnent toute eau qui n'a pas au moins 4 degrés centigrades, soit que cette température leur soit désagréable, soit qu'ils n'y trouvent plus alors suffisamment de nourriture.

M. Bœck a remarqué encore que le Hareng semble, de même que quelques autres animaux, devoir changer d'aire d'habitation, et remonter vers le nord. C'est ainsi que Flekkefjord, qui était le centre le plus important de la pêche, est presque désert maintenant, et que l'année dernière le Hareng dit *écossais*, qui s'était à peine pêché sur les côtes d'Écosse, s'est au contraire montré avec grande abondance sur la côte scandinave, et y avait remplacé l'espèce qui s'y pêche d'ordinaire. Jusqu'à présent il n'a pas été trouvé d'explication satisfaisante à ce fait, que quelques personnes ont voulu rapporter à une modification du Gulfstream, non plus que pour l'observation de M. Rosenkilde, qui a remarqué que depuis plusieurs années on prend de plus en plus du poisson sans rogue.

Hareng d'hiver (*Vaarsild*). — Il se pêche du 15 janvier au 15 mars, entre Stavanger et Aalesund, et surtout dans les parages de Karmö, où son arrivée est signalée par l'apparition au large de nombreuses troupes de Cétacés qui lui donnent la chasse et le poussent vers les côtes (1). Il y est du reste poussé par le besoin de frayer (2) ; aussi le trouve-t-on presque toujours rempli d'œufs et de laitance (Hermann

---

(1) Ses ennemis sont surtout le Nord-Caper (*Balœna glacialis*) le *Kabljau* (*Gadus Morrhua*), le *Havkat* (*Chimœra monstrosa*), le *Pighai* (*Acanthias vulgaris*), etc.

(2) Lorsque le Hareng a frayé, c'est-à-dire vers le 15 mars, il quitte la côte.

Baars) (1), ou, comme on dit, *plein* (*Slosild*) ; très-rarement il est *guais*. Il se pêche au moyen de filets dérivants, de filets fixes ou de filets de barrage. Les filets fixes ou dérivants ont environ 20 à 22 mètres de long, sur une profondeur de 100 à 150 mailles (la maille a 38 millimètres) ; ils sont de fil de chanvre mécanique ou de coton, et tannés ; à leur partie inférieure sont des pierres qui les font plonger, tandis que leur partie supérieure est munie de *flottes*, et porte à une extrémité un baril sur lequel est inscrit le nom du propriétaire. Cette pêche occupe 4000 à 5000 bateaux pêcheurs, ayant chacun en moyenne vingt filets, et montés par cinq ou six hommes. Les filets de barrage sont plus forts, à maille plus petite, et offrent une longueur de 300 mètres environ sur 80 de hauteur ; ils sont munis de flottes, et de poids très-lourds destinés à les faire plonger plus rapidement. Ils appartiennent en général à des associations d'une vingtaine de pêcheurs, qui doivent posséder un grand filet, deux plus petits, et au moins deux embarcations pour pouvoir jeter les filets (2).

(1) Les Hollandais pensent que l'apparition ou la disparition du Hareng est due à ce que, suivant les saisons, il se tient à des hauteurs différentes ; mais cette opinion, qui n'est pas juste, serait due à ce qu'ils observent seulement en pleine mer, et non sur les côtes. (Hermann Baars.)

(2) La pêche du Hareng est réglementée par une loi dont nous croyons utile de faire connaître les dispositions principales.

Loi sur la pêche du Hareng d'hiver du 24 septembre 1851. — Une surveillance spéciale est établie par l'État : ses agents ont action sur les pêcheurs et tous ceux qui sont sur les lieux de pêche ; ils connaissent de tous délits de pêche ou autres. Ils peuvent requérir, sous peine d'amende et de garde forcée au tour suivant, tous les pêcheurs dont ils ont besoin pour leur prêter assistance, à condition de ne pas lever plus d'un homme sur dix par filet, et, à leur défaut, d'un homme par grand canot.

Le samedi soir et la veille des jours fériés, tous engins de pêche autres que les filets doivent être retirés de la mer, à moins que le temps ne s'y oppose ; aucun engin, filet de barrage ou de fond, ne peut être placé avant deux heures avant le coucher du soleil le dimanche et les jours fériés ; il est également défendu de tirer le Hareng, enfermé dans une enceinte, pendant les heures où la pose des engins est prohibée, à moins que le mauvais temps n'ait porté obstacle. La pose ou l'enlèvement d'engins autres que

Hareng d'été (Sommersild). — Il commence à se montrer du 15 mai à la fin de décembre, entre Stavanger et Nord-Cape; mais, par une cause qui n'a pu être encore précisée, les localités où il se présente varient chaque année. On en prend déjà quelques-uns fin mars, et il est alors très-maigre; il ne commence à être bon que vers la mi-juin; il est très-bon en juillet et août; puis il maigrit en septembre, et commence en novembre ou décembre à offrir des œufs et de la laitance. On le pêche presque exclusivement au moyen de filets de barrage, qui donnent du poisson de meilleure

les filets sont défendus entre le coucher et le lever du soleil, ainsi que la présence des hommes sur le lieu de pêche.

Quiconque gêne l'action d'un filet placé avant le sien est passible d'une amende.

Si un pêcheur ferme l'entrée d'un fjord ou d'une anse ayant une profondeur de plus de 2 mètres et à une distance de plus de 300 mètres du fond, on pourra placer dans l'espace enclos un filet de fond, mais il est défendu à tous de placer un filet de barrage, excepté pour ceux qui avaient déjà commencé à poser leurs filets avant de savoir que l'ouverture était close, et qui peuvent continuer avec ce qu'ils avaient déjà plongé. Si le barrage est fait avec plusieurs filets rapprochés les uns des autres, il n'est pas permis de poser des filets de fond dans l'intervalle. Dans tout autre cas, dès que le câble a été fixé et que le filet commence à être immergé, il faut poursuivre cette opération sans interruption, pour éviter qu'aucun autre pêcheur ne vienne placer ses filets au même endroit. Quand le Hareng se trouve pris dans un canal entre deux filets de barrage, on ne peut conserver cette position plus de vingt-quatre heures, non compris les jours fériés. Si l'entrée d'un fjord est coupée par des îles et récifs en plusieurs canaux, le fjord sera considéré comme complétement ouvert pour les droits des pêcheurs.

Quand un filet est placé, on ne peut mettre de filet (*garnile*) plus près de 12 mètres, ni aucun autre filet disposé de façon à venir sur les bouées du premier.

Quand on place un filet de barrage et qu'on rencontre des filets de fond qui gêneraient, les propriétaires de ces derniers doivent immédiatement, s'ils en sont requis, les retirer, ou ils peuvent être enlevés et mis à terre sans leur présence. Quand un filet de barrage couvre un filet de fond, celui-ci ne peut être dérangé, mais une indemnité est due pour filets et poisson perdus. Toute tentative d'empêcher ou de contrarier la pêche au barrage est passible d'une amende.

Quand les bateaux porteurs de filets aperçoivent le Hareng, celui qui, le

qualité que les filets ordinaires. On laisse généralement ces filets (1), qui ont de 140 à 300 aunes (160 à 340 mèt.) de long, sur 28 à 36 (32 à 42 mèt.) de profondeur, sur les lieux, pendant trois jours, pour donner aux poissons enfermés dans leur enceinte le temps de digérer les crustacés et *Salpa* contenus dans leur estomac. Quand on néglige cette précaution, le poisson est d'une conservation très-difficile. Pour faire la pêche au barrage, qui souvent ne donne aucun produit, en raison des difficultés qu'il y a à enfermer le Hareng dans les fjords qu'il semble éviter, les pêcheurs se réunissent en associations de vingt hommes environ, montés sur deux ou trois bateaux de 5 à 6 tonneaux, et ayant deux embarcations plus petites pour la manœuvre des filets : les bateaux appartiennent en général à un armateur qui se charge de payer la redevance due au propriétaire du sol sur lequel on a fixé le filet. Le poisson pris est immédiatement vendu à des marins marchands qui lui font subir une première salaison et le mettent en barriques : la moitié du produit appartient aux pêcheurs, l'autre moitié à l'armement. Les associations

premier, a attaché son câble à terre et a, sans interruption, commencé à poser son filet, a le premier droit, et ne doit pas être gêné dans l'achèvement de son travail, sous peine d'amende.

Si deux bateaux ont commencé ensemble, mais l'un devant l'autre, et qu'il y ait du poisson dans les deux filets, si celui qui est derrière ne peut retirer son poisson avant que l'autre soit levé, le poisson doit être partagé, de même que quand les filets sont pleins en sens contraire et se couvrent.

Tout filet de barrage qui n'a pas de poisson, placé devant un filet qui en est plein, doit être immédiatement retiré à première réquisition. En posant leur filet, les pêcheurs doivent prendre toutes précautions pour ne pas empêcher la pose des engins d'un autre canot.

Les dommages pour destruction de filets par navires ne sont exigibles qu'autant que le propriétaire avait des bouées et marques bien visibles.

On ne peut jeter, sous peine d'amende, aucun filet dans les canaux qui servent de passage au poisson.

Tout homme qui trouve un filet doit en porter connaissance à la surveillance, qui lui fait payer tout de suite une gratification *ad valorem* : s'il tarde plus de quarante-huit heures après son retour au logis, il est passible de condamnation pour avoir retenu des biens confiés à l'honnêteté publique.

(1) Pendant l'automne on fait usage de filets à mailles beaucoup plus fines.

ont en outre un grand bateau qui leur sert de logement et leur fournit tous leurs approvisionnements.

M. Théodore Hellmuth Schrœder, de Stettin (Prusse), avait

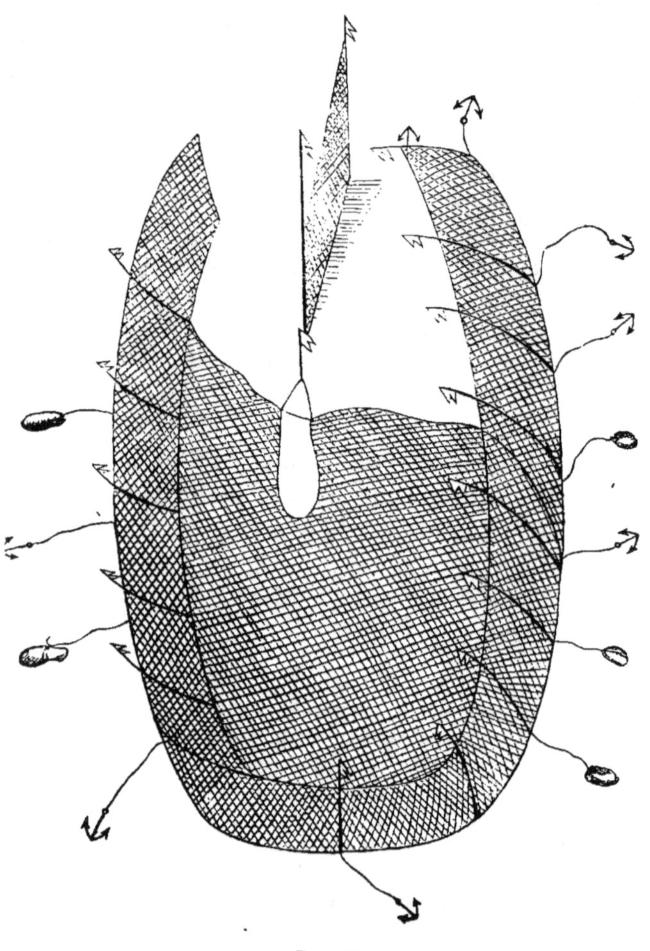

Fig. 28.

exposé un modèle d'un grand filet (fig. 28) destiné à la pêche du Hareng. Dans cet appareil, l'entrée A est coupée en deux par un filet vertical, tandis que les deux bords de cette entrée

sont formés par des filets infléchis en dedans, qui forment
une première chambre. Derrière celle-ci s'ouvre un filet qui
couvre le fond, et dont les bords relevés sont maintenus par
des piquets ; le tout est consolidé par des ancres. Un appareil presque identique est mis en usage sur les côtes de l'île
de Seeland pour pêcher le Hareng.

Les Russes, dans la baie de Soroka (Onéga), pêchent le
Hareng en tendant sous la glace de grands tambours à ailes,
ou des poches tout à fait semblables à celles employées pour
la pêche du Lançon. Sur la côte d'Arkhangel, ils passent sous
la glace des filets en forme de poches, terminés par une
chambre en filet où le poisson s'amasse.

Le Hareng d'hiver, qui mesure souvent jusqu'à 35 centimètres de longueur, est préparé à terre, et cela d'autant plus
facilement, que la pêche se fait presque toujours à proximité
des côtes. Pour cela, les négociants envoient des bateaux
montés par 60 à 80 hommes, et qui sont munis de tout ce
qui est nécessaire pour saler, soit à bord, soit sur le lieu de
la côte convenable le plus voisin, ou, quand la pêche est
assez rapprochée de leur établissement, ils envoient des
bateaux acheter le Hareng aux pêcheurs et le rapporter au
plus vite. Dans le Bergenstift seulement, plus de 600 à 800
navires sont ainsi employés à aller recueillir le Hareng pris
par les pêcheurs.

Une fois à terre, le Hareng est *égavé* (1) et privé de ses
ouïes avant d'être mis dans le sel, à moins qu'il n'y ait une
trop grande quantité de poisson apportée à la fois, auquel
cas on met directement le poisson tel quel dans des barils,
pour ne le préparer que plus tard, à loisir, en le changeant
de tonnes, mais on n'a ainsi qu'un produit inférieur. On
caque et l'on sale donc en général au fur et à mesure des
arrivages, en plaçant alternativement une couche de poisson et une couche de sel, jusqu'à ce qu'on ait bien rempli

---

(1) *Egaver*, est fendre la gorge du poisson pour lui retirer ses ouïes et ses
breuilles. Il est essentiel que l'incision ne dépasse pas une certaine étendue,
sous peine de déprécier le poisson.

le baril, qui est de bois de sapin ou de hêtre (1), et bien étanche pour ne pas laisser perdre de saumure. Le lendemain on ferme le baril, en ayant soin de remplir les vides avec de la saumure, et l'on conserve ainsi jusqu'à l'arrivée aux villes d'expédition, où le Hareng parvient sans avoir changé de saumure et dans le baril d'expédition (2). Au moment de charger, on écoule une partie de la saumure, et l'on obtient ainsi un poisson de goût supérieur au Hareng français. Mais il faut remarquer que les saleurs norvégiens sont libres, contrairement à ce qui a lieu chez nous, d'employer les quantités de sel qu'ils veulent; ce qui explique pourquoi, à Bergen, nos Harengs ont été trouvés trop secs et trop salés (3).

On emploie des sels blancs à gros grains de Sicile, de Portugal ou du midi de la France, qui donnent de meilleurs résultats que les sels de nos salines de l'Ouest et de Bretagne, auxquels on reproche leur aspect terne, l'apparence terreuse de leur saumure, et qui, dit-on, altèrent le poisson en raison de la proportion considérable de chlorure de magnésium qu'ils contiennent. Mais, même nos sels du Midi sont moins employés que ceux du Portugal, et surtout ceux de Sicile, parce qu'ils reviennent plus cher (4), les navires norvégiens

---

(1) Il y aurait grand avantage à faire les barils en bouleau, qui est si abondant dans toute la Norvége. Les Russes ayant un goût prononcé pour le Hareng qui a un goût résineux, on ne leur expédie jamais, de Norvége, de Harengs que conservés dans des barils de sapin.

(2) Les Hollandais et les Anglais salent aussi dans leur baril d'expédition.

(3) L'inconvénient d'une salure uniforme a été démontré par de nombreuses observations, et en particulier par MM. Lonquéty aîné et J. Lebeau. Nous devons remarquer que le Hareng de Boulogne est *repaqué* obligatoirement, celui des étrangers non. Sans doute, il faudra toujours, chez nous, employer plus de sel qu'en Norvége; mais déjà cette pratique est observée par les pêcheurs du Nord, qui salent plus les Harengs destinés à la Prusse que ceux qui doivent être consommés en Norvége.

(4) Les sels méditerranéens sont trouvés trop durs, tandis qu'ils sont préférés par nos saleurs. Le prix du sel était, lors de notre séjour à Stavanger, de 16 skill. (65 cent.) les 140 kilogrammes, pour le sel de Trapani, et de 27 skill. (1 fr. 10 c.) pour le sel de Bouc (Jonasen).

ayant moins de relations directes avec notre Midi qu'avec les péninsules ibérique et italique.

Le Hareng d'été, plus petit que le Hareng d'hiver, a un goût très-fin et très-délicat, surtout adulte : c'est celui que les Hollandais nomment *Maatjis*. Il est acheté sur les bancs de pêche par des navires qui suivent les pêcheurs, et qui ont à bord tout ce qui est nécessaire pour opérer, sel et barils, et qui traitent le poisson sur quelque îlot ou côte du voisinage, où on le saigne sans lui retirer les ouïes. Les bateaux font trois ou quatre voyages pendant la saison pour rapporter à leur port d'expédition le produit de leurs opérations.

Les pêcheurs norvégiens font une distinction entre le *Hareng de mer* et le *Hareng des fjords* (1). Le premier est de taille plus considérable, large et court; sa tête est petite, son ventre volumineux et chargé de graisse (*axonge*). Salé en temps convenable, et surtout après un séjour de trois semaines dans la saumure, il est tendre, blanc de chair et très-délicat (2). Il est très-difficile actuellement de se le procurer sans mélange; car bien que la pêche doive se faire à la haute mer, il est souvent pris dans le voisinage des fjords, où il pénètre quelquefois, et par suite se trouve mélangé de Hareng des fjords. Celui-ci, qui a séjourné une année dans les fjords, est plus maigre, plus étroit; sa tête est plus développée; son ventre, moins gros, offre des intestins moins enveloppés de matières graisseuses et qui paraissent plus longs. Il offre des variations suivant les fjords dans lesquels on le rencontre, même si ceux-ci sont très-voisins : en général, le Hareng des fjords profonds et de peu d'étendue est maigre et dur. Très-souvent il est mêlé d'une grande quantité de petits Harengs et de quel-

---

(1) Dans le commerce, on établit diverses sortes auxquelles on donne les noms de *Hareng marchand* (*Kjobmanssild*), *moyen* (*Middelssild*), *petit moyen* (*Liden Middelssild*), et de *Christiania* (*Christianiasild*). Les deux dernières sont souvent désignées sous les noms de *grand* et *petit Hareng de Christiania*.

(2) Il donne les variétés *marchand* et *moyen* du commerce.

ques individus d'une variété plus forte, nommée *Slosild* : presque jamais on ne le pêche seul, mais on prend en même temps quelques Harengs de mer qui se sont rapprochés de la côte. Les meilleurs filets pour la pêche du Hareng des fjords sont longs de 140 à 300 aunes (160 à 340 mèt.), avec une profondeur de 28 à 36 aunes (32 à 42 mèt.) (Moses Möller) (1).

Il y a aussi en Norvége quelques saurisseries analogues aux nôtres. On sait que le *saurage* se fait au contact de la fumée produite par des feux (de copeaux et de sciure de bois de chêne) couvant sur le plancher et se répandant uniformément dans la chambre, pour sortir peu à peu à travers des ouvertures ménagées à cette intention dans la partie supérieure. Sous l'influence de cette exposition à la fumée, le poisson prend sa couleur dorée caractéristique, et s'imprègne des principes empyreumatiques qui assurent sa conservation.

Un modèle prussien montrait une saurisserie dont les ouvertures à fumée peuvent être fermées, et dans laquelle le poisson cuit pendant huit heures environ; puis il passe deux heures dans une chambre chaude, où il achève de se dessécher. On reproche à ce procédé, qui donne un produit de bon goût et de conservation facile, de faire le Hareng beaucoup moins agréable à l'œil que le Hareng saur ordinaire.

La pêche du Hareng donne des produits considérables en Norvége, quoique cependant, cette année, elle ait été contrariée par le mauvais temps. Nonobstant, il résulte de renseignements qui m'ont été adressés par mon ami M. Defrance (5 mars 1866), qu'à cette époque il avait été pris, à Stavanger et dans le Nord, un total de 600 000 tonnes, se composant chacune de 480 Harengs (la tonne se divise en 6 *wold* de 80 têtes). Dans le Nord la pêche a été moins bonne qu'à Stavanger. A Kinn il a été pêché 190 000 tonnes par 2000 canots portant 15 000 pêcheurs. En une seule nuit il a été perdu 2000 filets

---

(1) Moses Möller, *Om Sommersild og dens Behandling.* In-18, 1865.

qui ont été emportés par la tempête. Les prix du Nord sont restés fixés entre 2 species d. et 2 spec. dal. 48 skill. la tonne. Autour de Karmö, il a été pris au filet (*garn*) 245 000 tonnes, qui ont été vendues de 1 species d. 96 skill. à 2 species d. 48 skill. (1).

MAQUEREAU.

Le Maquereau (*Makrel*) (2), qui vient vers le milieu de juin (du 20 mai au 12 juillet) sur les côtes de Norvége, en remontant vers le nord, est l'objet d'une pêche importante, qui se fait principalement entre Christiansand et Bergen, mais qui cependant ne paraît pas devoir jamais prendre autant de développement que les autres grandes pêches. Jusqu'à ces

---

(1) *Péche du Hareng en Norvége en* 1860. — La pêche d'hiver, qui a duré du 11 janvier au 4 mars, s'est faite en partie autour de Bergen, mais en général a été plus abondante au sud.

Cette pêche : 1° A donné 730 000 tonnes (846 800 hectolitres, à raison de 116 litres par tonne), dont :

> 500 000 expédiées dans la Baltique, seul marché étranger.
> 40 000 expédiées en Angleterre et en Irlande (par exception, la pêche d'Ecosse ayant été insuffisante sans doute).
> Le reste absorbé par la consommation norvégienne.

2° A fourni plus de poisson que les années précédentes, aussi prix inférieur; frais, a valu de 5 fr. 70 c. à 7 fr. 28 c.

3° A occupé, de Mandal à Molde :

> 4632 embarcations, ayant 22 784 hommes et 82 000 filets environ.
> 354 embarcations au grand filet (*not*), ayant 3908 hommes et 177 filets.
> 552 navires pour transport et logement, ayant 2014 hommes et 124 000 tonnes de contenance environ.

Hareng salé sur place : 736 ateliers de salaison, représentant une valeur approximative de 2 326 000 francs.

Les frais de surveillance et de contrôle de l'Etat ont été de 45 000 francs environ. (*Annales du commerce extérieur*, n° 1398, Suède et Norvége, 1862.)

(2) *Scomber scombrus*, L. D'après M. Sars, le Maquereau pondrait ses œufs en pleine mer, et l'évolution s'effectuerait pendant leur suspension dans la mer.

dernières années on se servait de cordes sans plomb traînées à la suite des bateaux; mais depuis on a donné la préférence aux filets qu'on jette à la mer à 10 ou 20 kilomètres de la côte, ou à des filets de barrage avec lesquels on ferme les fjords dans lesquels le poisson est entré. Ces filets, longs de 25 à 30 mètres, hauts de 100 à 150 mailles (la maille a environ 40 millimètres entre deux nœuds), sont faits de fil très-fin de chanvre, de lin ou de coton, quelquefois même de soie.

Nous avons aussi vu un filet danois destiné à la pêche du Maquereau, formant une muraille perpendiculaire au fond, que l'on fixe, au moyen de pieux dans le voisinage des côtes, ou au moyen de flottes et de poids dans la haute mer.

Les poissons, une fois capturés, sont ouverts, débarrassés de leurs entrailles (1), qu'on remplace par du sel très-blanc, et placés dans des barils entre des couches de sel. On reproche à cette préparation d'exiger de très-grandes quantités de sel (2), aussi la conservation par salaison tend-elle à disparaître, surtout depuis que l'usage des glacières s'est introduit. Le mode d'emballage pour le Maquereau est le même que celui que nous avons indiqué pour le Saumon. (Voyez, page 42.)

Il paraît résulter des faits observés dans ces dernières années que, sous l'influence de causes qui ne sont pas encore déterminées, le rendement général n'a pas répondu aux espérances qui avaient été conçues. Cependant cette année (1866), aux environs de Christiansand, où la pêche a été surtout abondante, la valeur du Maquereau frais expédié dans la glace est estimée à 42 000 species daler (239 400 fr.), contre 35 000 spec. d. (199 500 fr.) en 1865 : les prix ordinaires étant de 60 à 72 skillings (2 fr. 85 c. à 3 fr. 42 c.) le *vog* de vingt pièces (3).

---

(1) On a soin de réserver les rogues, qui forment un appât estimé.

(2) Au moment de faire les expéditions, on *repaque* le Maquereau d'une nouvelle quantité de sel.

(3) *Annales du commerce extérieur. — Moniteur universel*, 10 août 1866.

En 1862, un autre Scombéroïde, le *Maquereau bâtard* (*Caranx trachurus*, en Norv. *Pigsild, Stokker*), a apparu pour la première fois en abondance sur la côte de Bergen, et depuis cette époque on en a pêché d'assez grandes quantités que l'on conserve dans la saumure.

Parmi les poissons qui se trouvent assez abondamment en Norvége, nous devons citer encore :

1° Le *Flétan* (*Qveite*) (1), dont on estime la chair substantielle et grasse, et qui est mangé tantôt frais, tantôt sec : on le pêche généralement au moyen de lignes de fond.

2° La *Lingue* (*Lange, Birkelænge*) (2), qui se pêche en été tantôt à la côte, tantôt sur les bancs, où elle est plus estimée.

3° Le *Brosmius vulgaris* (*Brosme*), pêché en été, qui se prépare en grande quantité pour le commerce.

4° Le *Sebastes norvegicus* (*Rodfisk*), dont on fait des saumures.

5° Les Carrelets (*Rodpœtte*) (3), qui se consomment dans le pays, soit secs, soit à l'état frais.

6° Le Thon (*Makrelstorge*) (4), qui atteint de très-belles dimensions dans les mers de Norvége, mais n'est pas recherché des pêcheurs.

REQUIN.

Parmi les poissons qui sont poursuivis en raison de l'huile qu'ils fournissent, nous devons signaler les diverses espèces de Requins, et particulièrement le *Haakjœrring* (*Squalus borealis, Scymnus borealis*), qui se rencontre fréquemment dans les mers du Nordland, et principalement dans les environs de Nord-Cape. Le *Selache maxima* (*Brygde*), l'*Acanthias vulgaris* (*Hai, Pighai*), le *Spinax niger* (*Svarthaa, Blaamave*), qui se rencontrent aussi près des côtes, sont

(1) *Hippoglossus vulgaris* et *maximus.*
(2) *Molva vulgaris* et *Abyssorum.*
(3) *Pleuronectes platessa.*
(4) *Thynnus vulgaris.*

poursuivis pour l'huile qu'ils fournissent. Mais c'est surtout le *Scymnus borealis*, dont le foie très-volumineux est très-riche en matière grasse, qui est l'objet de la poursuite des pêcheurs norvégiens. Tantôt ils s'en emparent au moyen de harpons, d'autres fois de filets, mais plus souvent avec d'énormes hameçons de fer (fig. 29) ayant pour empile une

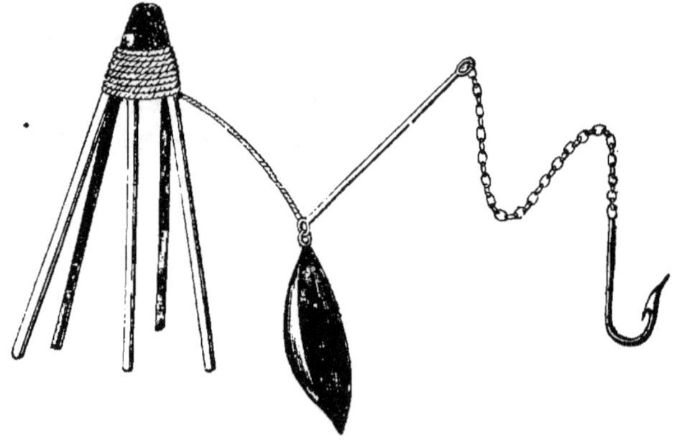

Fig. 29.

chaîne fixée à une forte corde. Plusieurs modèles étaient présentés, qui devaient épargner certaines fatigues aux pêcheurs en facilitant le glissement de la ligne; mais l'inconvénient d'un prix plus élevé que pour le système ordinaire, en même temps que leur complication, ne les ont pas fait accepter généralement.

Non-seulement les foies de Squales sont employés, mais aussi quelquefois la chair est utilisée pour la nourriture des bestiaux et même de l'homme (Crowe) (1).

Les foies, dont le volume varie beaucoup suivant les individus capturés, puisqu'il faut le plus souvent jusqu'à cinq ou six poissons pour donner un baril d'huile, et quelquefois, mais très-rarement, un seul, sont mis à bord dans de grandes bar-

(1) *Morning Post.* — *Moniteur universel*, 5 juillet 1866.

riques ou dans des bacs, et ne sont en général fondus qu'au retour. Nous n'avons pu savoir si les Norvégiens obtenaient le même rendement que les Islandais, c'est-à-dire un rendement moyen de deux barils d'huile pour trois foies.

PHOQUE.

Les Norvégiens montent jusque vers le cap Nord et même le Spitzberg et l'île de Jan Mayen, pour donner la chasse aux Phoques (*Blaakobbe, Storkobbe*) (1), dont la peau couvre une couche épaisse de tissu adipeux, qui fournit une grande quantité d'huile. C'est généralement vers le 15 mars que les pêcheurs rencontrent la glace et en même temps les premiers Phoques, qui apparaissent d'autant plus nombreux, que l'on avance davantage au milieu des glaces. On les chasse à coups de fusil au moyen de petits canots montés par deux hommes, dont l'un rame, tandis que l'autre se tient prêt à tirer sur l'animal dès qu'il sort la tête de l'eau pour respirer. D'autres fois on emploie des piques très-lourdes, avec lesquelles on assomme les Phoques qu'on peut surprendre sur la glace.

Il part de Bergen pour les régions du nord quelques bâtiments de 150 tonneaux, montés par 25 à 30 hommes, qui se rapprochent autant que possible des banquises, pour surprendre les Phoques au moment où ils veillent sur leur progéniture, c'est-à-dire de février à mars, par 72 à 73 degrés de latitude ; car alors ils veulent défendre leurs petits, et se laissent tous tuer jusqu'au dernier plutôt que de les abandonner. Les pêcheurs cherchent aussi à surprendre les Phoques endormis, et profitent de cet état pour les approcher et les tuer à coups de couteau, de massue, plus rarement à coups de fusil, etc. Quand la vigie placée en tête du mât ne trouve pas à signaler les *Blaakobbe*, les pêcheurs descendent dans leurs canots, et sillonnent la mer en tous sens pour découvrir leur proie.

(1) *Phoca barbata.* Ils capturent aussi le *Cystophora cristata* (*Klapmydse*) et le *Callocephalus vitulinus* (*Steen Kobbe*).

Nous avons vu à l'exposition un modèle de piége destiné à prendre les Phoques (fig. 30) : il consiste en une cage de bois fermée par des grillages de fer, et dans laquelle se trouve une pièce qui supporte le poisson destiné à servir d'appât; dès que le Phoque est entré dans cette sorte de *souricière*, le couvercle retombe et le fait captif.

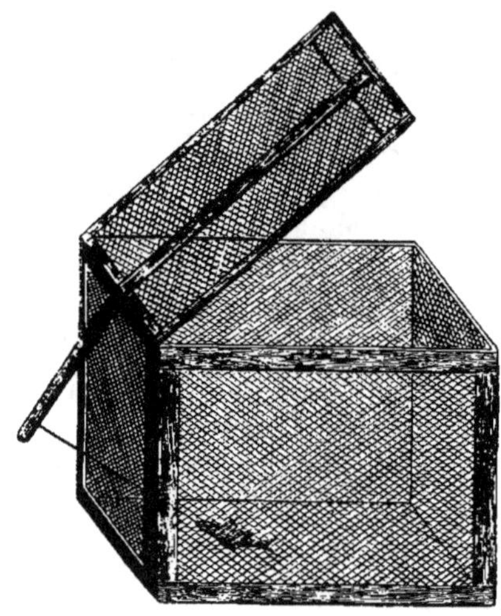

Fig. 30.

Les Russes font la chasse du *Phoca groenlandica* (*Pagophilus groenlandicus*, Fabr., en Norv. *Unge*) sur la côte occidentale de la mer Blanche, au moyen de filets qu'ils tendent dans l'eau ou sous la glace, et qui barrent le chemin à l'animal, qui, en cherchant à éviter cet obstacle, pénètre dans une enceinte de filet où il est mis à mort. Ils emploient aussi, de même que les Norvégiens, les fusils, les piques ou les harpons (1), et vont chercher sur la glace les Phoques quelquefois à de grandes distances. Ils traînent avec eux leurs bateaux pour pouvoir traverser les parties non gelées qu'ils rencontrent, et dont ils se servent comme refuge la

(1) Ces harpons sont à fer mobile ou non, recourbés en sorte d'hameçon tranchant, ou en fer de lance à ailes très-large, comme ceux destinés à la chasse du *Delphinapterus leucas* ou du *Trichecus rosmarus.*

nuit, quand leur course les a entraînés trop loin. Dans quelques localités, comme à Kedy, sur la côte orientale de la mer Blanche, ils se construisent des huttes avec des troncs d'arbres à peine équarris, et dans lesquelles ils se réfugient et font subir à leur butin toutes les préparations nécessaires.

Le plus ordinairement on opère la fusion du tissu adipeux (*clubber*) des Phoques dans de grandes chaudières chauffées à feu nu, qui est alimenté au moyen des résidus de la fonte ou de bois pris dans le voisinage. Mais nous avons vu le modèle d'une bouillerie d'huile de Phoque, installée près d'Astrakhan (mer Caspienne), et dans laquelle un générateur puissant envoie la vapeur destinée à fondre le corps gras dans d'immenses cuves latérales.

On calcule en général qu'il faut une centaine d'animaux pour obtenir un baril d'huile; mais en outre on recueille les peaux, qui sont estimées pour l'industrie, et que les pêcheurs salent au moment même où les animaux viennent d'être dépouillés.

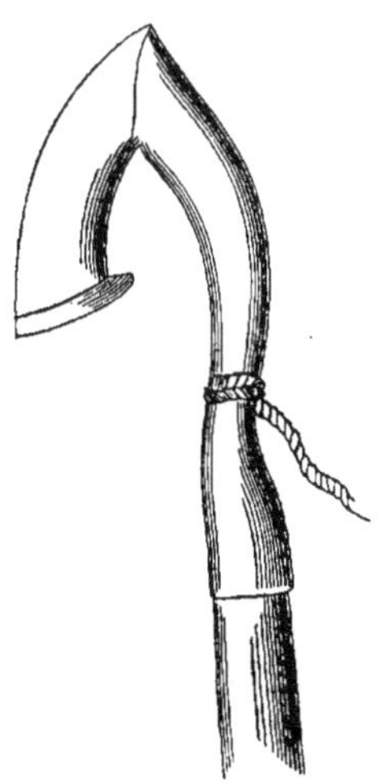

FIG. 31.

Notons que quelques-uns des bateaux norvégiens montent jusqu'à la banquise du nord pour donner la chasse aux Morses (*Trichecus rosmarus*, en Norv. *Hvalros*), qu'ils atta-

quent avec des harpons (fig. 31) recourbés de façon qu'une
fois entrés dans le corps de l'animal, ils n'en ressortent plus
que très-difficilement. Cet animal donne une huile de même
qualité que les Phoques, mais il a une valeur plus grande
pour sa peau et surtout pour ses dents.

DAUPHIN.

Le *Delphinapterus leucas* (*Hvidfisk*), qui se trouve abondamment dans les eaux du Spitzberg, est l'objet d'expéditions
de bateaux norvégiens qui remontent vers le nord pour le
poursuivre, ainsi que les Morses. C'est généralement au harpon
que se fait cette chasse, pour laquelle les armateurs envoient
des navires de 40 à 50 tonneaux montés par une dizaine
d'hommes. Ce n'est qu'au retour ou pendant les relâches à
terre que la graisse est fondue et mise en barriques.

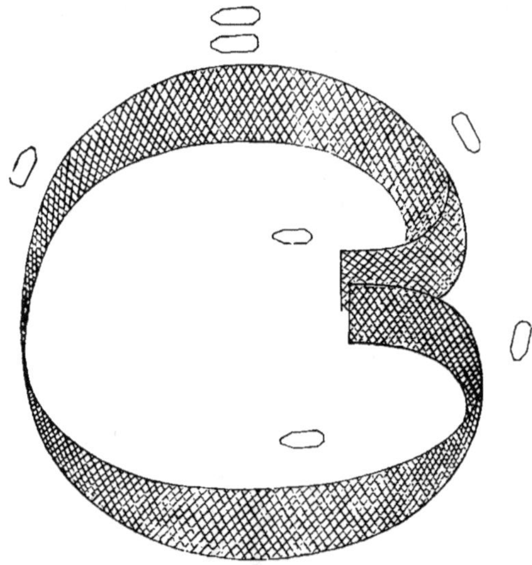

Fig. 32.

Les Russes, qui chassent le Dauphin blanc dans le golfe
d'Onéga, le prennent de la manière suivante. Lorsqu'ils rencontrent un troupeau de ces animaux, ils forment une

enceinte continue avec de grands et forts filets dont plusieurs bateaux sont chargés (fig. 32), et lorsqu'ils leur ont ainsi coupé la retraite, ils pénètrent au milieu de l'espace, et les harponnent au moyen de fers qui se détachent de leur manche dès qu'ils ont pénétré dans le corps de l'animal, ou qui ont des oreilles mobiles, se redressant par l'effort que l'animal fait pour s'en débarrasser (fig. 33). Dans quelques

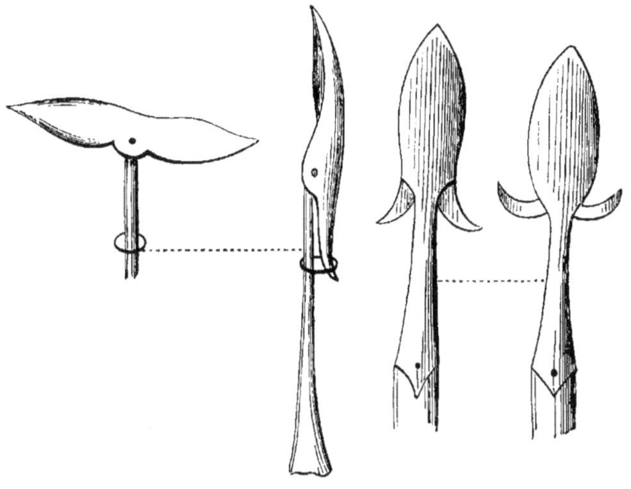

Fig. 33.

circonstances, comme cela a lieu quelquefois dans le golfe de Kandalakcha, les pêcheurs enferment le Dauphin dans un fjord dont ils obstruent l'entrée avec des filets, et où ils les harponnent ensuite facilement.

HOMARDS.

Les Norvégiens prennent une grande quantité de Homards (*Hummer*) (1) dans leurs fjords, depuis l'extrémité sud jusqu'aux îles Löffoten (2), où ils sont remarquables par leur

(1) *Homarus vulgaris.*

(2) On a remarqué depuis plusieurs années que les Homards changent leur aire d'habitation et tendent à remonter vers le nord. Ce fait, dont on

volume, et s'en emparent au moyen de barils dont les fonds
sont remplacés par des branchages, et qui sont munis d'un
trou pour que les Homards puissent entrer quand ils aperçoivent l'appât de Hareng frais suspendu dans le baril, mais
d'où ils ne peuvent sortir. Souvent aussi les casiers, plus
oblongs que ceux de France, sont faits de filet ou d'osier
(fig. 34), et ceux-ci sont considérés comme bien meilleurs,
parce que la proie est aperçue plus facilement par les crustacés.

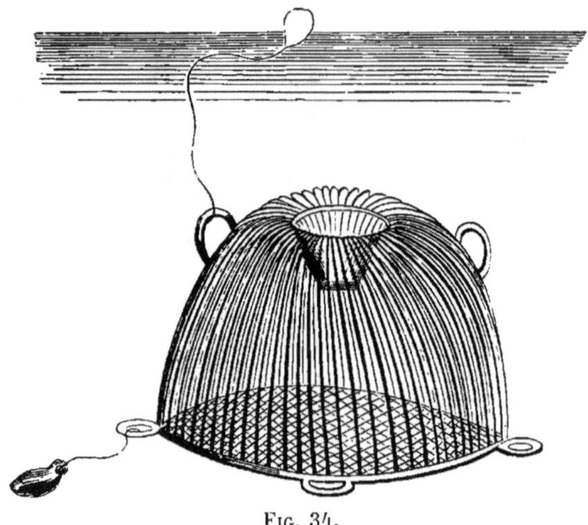

Fig. 34.

La pêche est interdite du 15 juillet au 15 septembre, et ne
doit se faire que sur des animaux ayant au moins 9 pouces
(22 centimètres) de long. Il se fait un commerce considérable
de Homards (plus d'un million par an) (1). Les Homards,
dont le commerce est aujourd'hui presque complétement
centralisé à Christiansand, après avoir eu lieu à Flekkefjord
et Faresund, sont déposés vivants, au milieu du fjord, dans
de vastes viviers, où ils séjournent jusqu'au moment de leur

n'a pas encore pu trouver une explication plausible, se présente aussi pour
plusieurs espèces de crustacés et de poissons. (Van Beneden.)

(1) Le chiffre officiel des exportations donné par le gouvernement norvégien est de 717 385 pour 1857, 553 238 pour 1858, et 881 261 pour 1859.

expédition en Angleterre ou en Belgique. Une partie de ces animaux, dont le prix moyen est de 5 à 6 skillings (20 à 25 centimes), 250 à 280 francs le mille, est mise dans des caisses de bois, après avoir été vérifiés, quant à la taille, par des agents. Une autre partie est transportée dans des bateaux à marche rapide, qui ont une partie de leur cale transformée en vivier dans lequel l'eau de mer a un libre accès par des trous qui percent la paroi du navire. Ces viviers peuvent contenir de 10 000 à 12 000 Homards.

HUITRES.

Les Huîtres (*Östers*) abondent depuis le 65ᵉ degré de latitude jusqu'à Christianiafjord.

Pour détacher les Huîtres, on se sert de dragues tout à fait semblables à celles usitées en France, quoique moins bien organisées, ou quelquefois d'une sorte de *houe* (fig. 35) qui présente une bourse de filet dans laquelle les Huîtres tombent après avoir été détachées; dans quelques endroits on se sert de pinces à trois branches (fig. 36), mais dont l'usage ne nous paraît pas bien utile, car il existe bien des moyens plus faciles de détroquer les Huîtres.

Comme la pêche s'est faite jusqu'à ces derniers temps sans aucun souci de ménager les bancs, un certain nombre d'entre eux ont été dépeuplés, et en particulier celui de Krageröe, qui donnait des Huîtres justement estimées dans tout le Nord. Aussi le gouvernement norvégien a-t-il pensé à faire étudier les procédés mis en usage sur nos côtes pour obtenir le repeuplement de ces bancs, et des expériences instituées par les soins de M. le professeur Rasch (1) et de M. le Dʳ Danielsen ont été faites, qui n'ont pas encore donné de résultats satisfaisants. Nous ne devons pas encore porter un jugement définitif sur ces essais, qui se répètent avec le concours des paysans riverains sur un grand nombre de points de la côte norvégienne, et qui seront suivis avec tout le soin que nous

(1) Rasch, *Beiledning til behandlingen of naturalige OEsterbanker og Anlægget of mje samt forslag Fremsgangsmader, hvorded man kan erholde en rigeligere Eilgang pro Angfters.* 1866.

avons déjà signalé pour d'autres parties de l'aquiculture en
Norvége. Nous devons noter que les fascines déposées dans
les environs de Bergen s'étaient couvertes de naissain, et que
celui-ci a disparu en raison de conditions défavorables où l'on
s'était placé. Cet insuccès a servi de leçon, et tout fait espérer
que les expériences qui vont se faire auront de meilleurs résultats. Cette année (1866) un pisciculteur a été délégué pour
visiter nos expositions de pêche, et étudier l'état de l'ostréi-

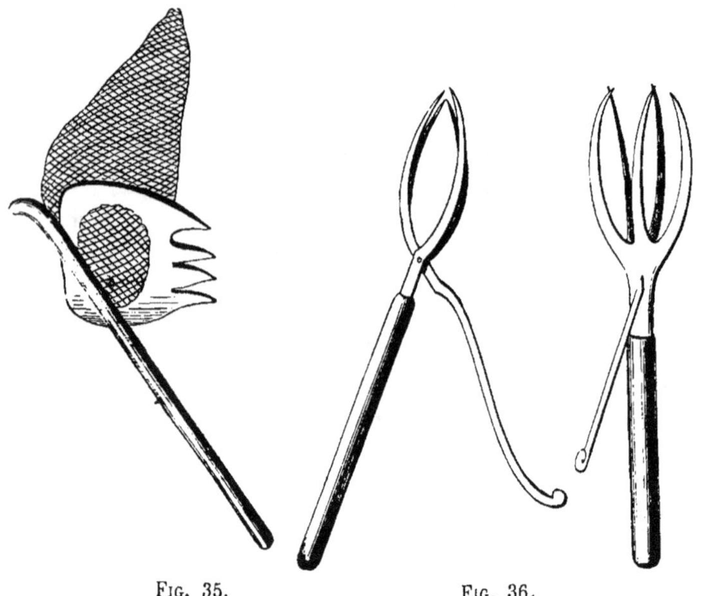

FIG. 35.   FIG. 36.

culture en France. Il aura certainement vu combien les col-
lecteurs mis en usage par nos ostréiculteurs sont supérieurs
à celui qu'il nous montrait, il y a un an, comme devant
rendre les plus grands services. Son petit appareil (fig. 37)
consistait en un panier porté sur des pieds pour l'élever
au-dessus de la vase, et dans lequel on devait placer plusieurs
Huîtres mères au milieu d'une quantité de coquilles vides,
sur lesquelles le naissain, retenu par les parois de vannerie,
se serait fixé. En mettant à profit les leçons données par

les parcs impériaux d'Arcachon et plusieurs autres points de
nos côtes, nous ne doutons pas que les bancs de la Norvége
ne puissent se régénérer bientôt.

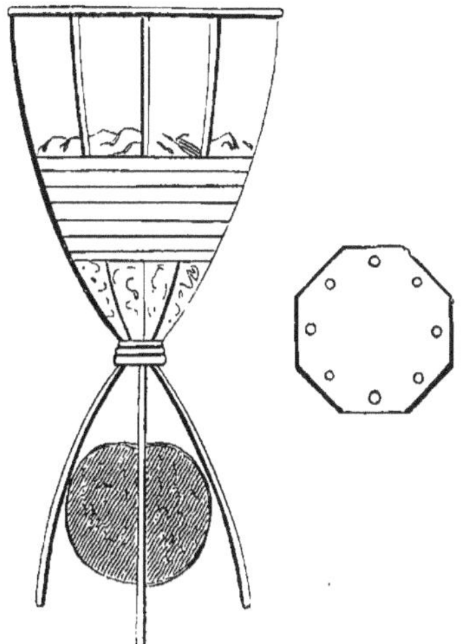

Fig. 37.

On trouve abondamment, sur toute la côte, des Moules
(*Blaaskjœl*) de bonne qualité, mais elles sont peu prisées, et
par conséquent on ne s'occupe guère de leur récolte.

CONSERVATION DU POISSON.

Les immenses quantités de poisson qui sont recueillies
dans les eaux de la Norvége ne pouvant être consommées au
fur et à mesure que les pêcheurs s'en emparent, il a fallu
nécessairement que l'on trouvât des procédés commodes pour
conserver cette masse de matière alimentaire ; aussi ne doit-
on pas être étonné si de nombreux spécimens étaient présentés à l'exposition de Bergen, qui témoignaient de l'importance de cette partie de l'exposition. Sans revenir ici sur les
détails dans lesquels nous sommes entré au commencement
de ce rapport, à propos des diverses espèces de poissons, sur
la conservation par la dessiccation, la salaison ou le *sauris-*

sage; sans même insister sur les conserves de diverse nature(1) qui étaient exposées, nous pensons devoir ajouter ici quelques nouveaux renseignements sur la conservation au moyen de la glace. On a appliqué ce procédé non-seulement au Saumon et au Maquereau, comme nous l'avons déjà dit (page 43), mais on a cherché également à expédier par le même moyen du Hareng en Angleterre. Mais la chair peu consistante et délicate de ce poisson, la finesse de sa peau, ne se prêtent pas à cette opération, et l'on a dû y renoncer pour revenir à l'ancien système, qui consiste à saler légèrement le Hareng pour prévenir sa corruption pendant le transport. Une autre raison qui a fait renoncer à l'emploi de la glace est le prix relativement élevé de celle-ci, par rapport au prix du poisson, bien que la facilité avec laquelle on peut se procurer la glace dans toute la Norvége permette de l'employer dans presque tous les ports (2). Sans contredit, ce

(1) L'exposition présentait un grand nombre de préparations de tous genres faites avec le poisson : Saumons en boîte, ventres de Saumon conservés en saumure, conserves de Homard, conserves de Moules, de Crevettes, Caviars, dos de Beluga, *huusblas* (gélatine) de Beluga, Sardines épicées ou au sucre, Anguilles fumées, Anchois au sel, Limandes sèches, Harengs saurs et fumés, cuits, etc. Nous devons une mention spéciale aux biscuits de farine de poisson préparés à la mode de nos biscuits de mer, et qui ont, d'après M. Rosing, professeur de chimie agricole à la ferme modèle royale d'Aas, l'avantage de présenter, sous un très-petit volume, une quantité nutritive considérable. Après divers essais infructueux, il est parvenu à faire ce biscuit de la manière suivante : On laisse pendant quelques heures 500 grammes de farine de poisson séchée dans 3 litres d'eau, puis on y ajoute 2 kilogr. de farine d'avoine pendant un pétrissage continuel. On passe la pâte sous le rouleau, et on la coupe en gâteaux carrés de 0^m,075 et d'une épaisseur de 5 à 6 millimètres. On perce ces gâteaux de trous, et on les sèche au four à une température qui ne doit pas être assez élevée pour les cuire. Il faut les retourner plusieurs fois pendant l'opération. Il résulte des expériences de M. Rosing que ce biscuit forme un pain très-nourrissant, quatre fois aussi riche en principes albuminoïdes que la viande de bœuf, quatre fois et demie autant que la morue fraîche, et seize fois autant que le lait frais ou le pain de seigle. En outre, il a l'avantage d'être très-riche en phosphates.

(2) Tous les ports de la Norvége, même les plus petits, possèdent des glacières, qui fournissent leurs produits à très-bon marché; et ceci permet d'avoir dans toutes les maison des caisses garnies de glace pour conserver les aliments. (Voy. page 44.)

moyen de conservation, qui n'est encore appliqué que très-exceptionnellement en France, pourrait rendre de très-grands services, et permettrait de faire apparaître sur nos marchés, en grandes quantités, des poissons qui n'y viennent pas ou n'y viennent que très-rarement. En effet, c'est un perfectionnement très-facile à obtenir, et que la consommation publique accueillerait le plus favorablement en raison de sa simplicité.

Quant au poisson de petite pêche, qui est consommé à l'état frais dans le pays, il est généralement apporté vivant dans les ports, au moyen de viviers établis dans l'intérieur des bateaux ou traînés à leur suite. C'est du bord des quais où sont établis les marchés à poisson, que la vente se fait, et nous avons assisté plusieurs fois au marché qui se tenait au *Fisketorvet* de Bergen, où nous voyions les pêcheurs proposer, de leurs barques, le poisson (1) à leurs clients, et le tirer tout vivant de leurs réservoirs. Sitôt le marché conclu, on saignait le poisson pour déterminer sa mort rapide, et, par suite, le rendre moins sujet à s'altérer, tout en ayant un goût beaucoup plus délicat. C'est encore là une pratique que nous aimerions à voir introduire en France, car elle donne des produits de beaucoup supérieurs à ceux qu'on obtient en le laissant mourir après un temps plus ou moins long. Du reste, cette précaution de ne pas laisser souffrir le poisson est adoptée déjà dans plusieurs contrées de pêche, et partout où on l'a prise, on reconnaît que l'on a un aliment beaucoup plus délicat. C'est à l'habitude que les Russes du Nord, en particulier, ont de tuer et de préparer immédiatement les Morues qu'ils pêchent, qu'est due la qualité supérieure de leurs produits.

Le système des viviers n'est pas spécial à la Norvége (2), car nous avons vu des modèles de réservoirs du même genre employés par les Russes sous les noms de *prorez* et de *ryb-*

(1) A Christiania, nous avons vu de grands viviers amarrés à bord du quai, et dans lesquels les poissons, séparés par espèces, attendaient le moment de la vente. Des compartiments spéciaux étaient réservés aux Homards et aux Mollusques.

(2) Sabin Berthelot, *Nouveau système de pêche, réservoirs de dépôt, bateaux-viviers, et conservation du poisson. (Bulletin de la Société d'acclimatation,* 2e série, t. II, p. 176. — *Revue maritime et coloniale,* 1865.)

nitsa, et nous avons appris que quelques bateaux hollandais ont au centre un vivier pour conserver la Morue qu'ils doivent apporter vivante. En général, il peut être appliqué partout où la pêche se fait au moyen d'engins qui ne sont pas trop lourds et sur des fonds assez unis, car alors le poisson n'est pas meurtri par les filets, n'est pas blessé sur le sol où il est entraîné, et enfin ne *se noie* pas avant d'être mis à bord. On dit que sur nos côtes on a essayé sans succès l'usage des viviers, et que les Anglais y ont renoncé, préférant la conservation dans la glace ; nous pensons cependant qu'il y aurait lieu de faire quelques nouvelles expériences en vue d'apporter aux réservoirs la modification que la pratique suggérerait pour les approprier au service de nos côtes, et qu'il y aurait sans doute là une amélioration notable à apporter à notre système général de pêche.

Les barillages norvégiens, qui sont faits avec du sapin, du hêtre et du bouleau (1), sont remarquables par le soin avec lequel ils sont établis, et qui s'explique par la nécessité d'être bien étanches pour pouvoir conserver la saumure qui baigne les poissons et empêcher tout écoulement du liquide au dehors. Leur contenance légale est de cent vingt pots (116 litres).

Parmi les ustensiles destinés au transport du poisson, nous devons une mention toute spéciale aux paniers présentés par les Hollandais. Ces paniers plats, et munis de cloisons d'osier qui empêchent les couches supérieures de peser lourdement sur les inférieures et de les détériorer par suite du tassement, sont admirablement disposés pour le service qu'ils doivent rendre, et sont de beaucoup supérieurs aux paniers de nos pêcheurs et mareyeurs, dans lesquels le poisson perd rapidement sa fraîcheur et sa qualité en même temps que ses belles apparences. Il serait bien à désirer que le poisson apporté dans nos grandes villes fût aménagé d'après le système

---

(1) Les barils de bois de bouleau sont les plus estimés ; cependant il est nécessaire de faire les expéditions pour la Russie dans des barils de sapin, car le goût résineux qui se communique par l'enveloppe au poisson y est très-recherché. On sait que le barillage français est fait exclusivement avec du hêtre.

hollandais, car tout le monde y trouverait son compte : les vendeurs, qui auraient du poisson plus présentable et de meilleure vente ; les acheteurs, qui pourraient se procurer un aliment ayant conservé toutes ses qualités et non détérioré par le tassement.

ENGINS DE PÊCHE.

La corderie norvégienne, faite presque exclusivement avec du chanvre de Riga, qui se conserve bien dans l'eau, est remarquable par sa beauté et sa solidité ; elle est aujourd'hui presque toute faite à la mécanique, parce que les fils alors sont régulièrement tendus, et, par suite, supportent également la force de traction, ce qui donne une résistance beaucoup plus grande que pour les cordages faits à la main, dans lesquels les diverses parties sont toujours plus ou moins irrégulièrement tendues.

Un spécimen de corderie faite avec les fibres de la racine de sapin était présenté comme donnant une force de résistance considérable et revenant beaucoup moins cher que les cordages de chanvre ; mais nous n'avons pas eu de détails sur les expériences qui auraient confirmé l'assertion de l'exposant.

Les filets norvégiens, en raison de la transparence extrême des eaux dans lesquelles ils doivent servir, sont beaucoup plus fins que ceux de nos pêcheurs et des Hollandais. Du reste, comme la pêche se fait en général au voisinage des côtes et sur des fonds non rocailleux, ils n'ont pas besoin d'avoir la résistance des filets de nos pêcheurs. D'autre part, les Norvégiens, étant dans l'habitude de ne pas s'écarter beaucoup de la terre ferme et rentrant tous les soirs, soit à terre, soit à bord des *bateaux-auberges*, ils peuvent chaque jour étendre leurs filets pour les sécher, et ne sont pas contraints, comme nos marins, de laisser leurs filets humides entassés dans leurs bateaux pendant un temps quelquefois très-long. Généralement ils emploient seulement la moitié de leurs filets pendant une semaine, et l'autre moitié pendant l'autre semaine, à moins que quelque accident ne les oblige à en changer plus tôt : mais alors cette précaution d'avoir des engins en réserve leur permet de ne pas suspendre leur pêche au moment où elle serait le plus abondante. Ces filets très-fins ont l'inconvénient de coûter plus cher que les filets ordinaires, mais c'est là une considération qui touche peu les pêcheurs norvégiens, qui, en raison de l'abondance de poisson dans leurs parages, recouvrent bientôt l'argent dépensé en achats de filets, et qui disent souvent qu'on doit poser en principe qu'*une bonne journée de pêche paye le filet :* aussi ne se préoccupent-ils pas du prix.

Les filets, presque toujours lacés à la main , avec un soin particulier, par les pêcheurs eux-mêmes, sont faits avec des fils qui sont toujours choisis avec la plus grande attention et qui doivent être extrêmement réguliers (1). Le plus ordinairement les filets sont faits de chanvre, plus rarement de coton (2); quelques-uns même sont de soie, et sont alors destinés soit à la pêche du Maquereau, soit à celle des poissons des lacs de Suède.

Nous devons remarquer que les Norvégiens font usage, pour la pêche de la Morue, de filets très-forts et résistants, dans lesquels le poisson peut *se mailler*, et que ce moyen de pêche, d'après plusieurs personnes très-compétentes, devrait être essayé par ceux de nos marins qui font la pêche d'Islande. Ils obtiendraient sans doute ainsi des résultats plus avantageux que ceux obtenus, dans ces dernières années, au moyen des lignes, qui ne permettent plus de pêches suffisamment fructueuses.

En Norvége, comme nous l'avons déjà dit (p. 51), on ne considère pas le tannage des filets comme essentiel, et quand

---

(1) Quelques-uns de ces fils sont tissés à la mécanique ; ils proviennent en général d'Angleterre ; ils sont moins estimés que les fils faits à la main.

(2) On supposait, après l'exposition d'Amsterdam en 1861, que les filets de coton seraient adoptés par le plus grand nombre des pêcheurs, mais il n'en a rien été sans doute, à cause du prix élevé auquel est montée la matière première dans ces dernières années. Les Anglais, qui de tous les peuples sont ceux qui ont fait le plus usage de ces filets, disent qu'ils sont beaucoup plus *péchants* que les autres et peuvent durer presque aussi longtemps que ceux de chanvre; mais ils reconnaissent qu'ils demandent peut-être plus de soins dans leur emploi.

on s'y résout, on préfère le tannage à l'écorce de bouleau (1), qui donne une coloration moins foncée que le cachou, dont les Hollandais et les pêcheurs de Boulogne-sur-mer font grand usage. Depuis quelque temps, on passe les filets au sulfate de cuivre (2) ou à l'huile de pin (3), qui donnent une teinte plus claire aux engins. Quant à l'huile de lin, on l'a abandonnée, parce qu'on lui reproche de donner assez fréquemment lieu à des combustions spontanées.

Quant au procédé de conservation au moyen du coaltar, employé par M. Maas (de Scheveningen), il paraît donner d'excellents résultats, à la condition de prendre la précaution de tremper les filets dans le coaltar alors qu'ils conservent encore une certaine quantité d'humidité restant du bain de cachou dans lequel on les a plongés d'abord. Il faut ne pas élever la température du goudron à plus de 40 degrés centigrades, et bien ressuyer le filet quand il sort du bain en le faisant passer entre deux cylindres, pour qu'il ne soit pas chargé d'une trop grande quantité de matière. On reproche à ces filets d'être durs et de manquer de malléabilité ; mais, d'après les observations de M. Maas, ce défaut disparaît quand les filets ont été plongés dans l'eau, et deviennent d'un usage excellent. M. Maas est une trop haute compétence en matière

---

(1) Les Russes laissent tremper à plusieurs reprises leurs filets dans une forte décoction d'écorce de bouleau ; ils répètent cette opération chaque fois que cela est nécessaire.

(2) Les Dieppois qui fréquentent le banc de Terre-Neuve passent presque tous leurs filets au sulfate de cuivre, opération qui est beaucoup moins chère que le tannage au cachou, employé presque exclusivement par les Boulonnais : mais ces filets sont beaucoup plus souvent déchirés par les chiens de mer.

(3) Les Anglais terre-neuviens emploient quelquefois l'huile de pin et l'huile de lin, mais ils leur reprochent de laisser toujours craindre les combustions spontanées. A Lowestoff, où l'on traite quelquefois les filets par le mélange d'huile de pin et d'huile de lin, puis ensuite par un bain de cachou, on reconnaît que la durée est cinq fois plus grande que par le tannage au cachou seul ; mais l'opération devient beaucoup plus coûteuse. On dit que ces filets sont beaucoup plus *péchants,* mais on doit craindre la combustion spontanée avant l'immersion dans le cachou. (BURET.)

de pêche pour que sa déclaration ne soit pas prise en grande
considération (1).

Les Norvégiens, de même que les Russes, pratiquent un
certain nombre de pêches sous la glace, comme nous avons
déjà eu plusieurs fois occasion de le faire remarquer, à propos des diverses espèces de poissons. Pour aller sur la glace
des lacs, ils font usage de traîneaux, au moyen desquels
ils vont quelquefois tenter la fortune à des distances considérables. Ces traîneaux, munis de tous les ustensiles qui
leur sont nécessaires pour cheminer, percer des trous
dans la glace et pêcher, ont des formes un peu différentes,
suivant les peuples et les localités, mais cependant ils
ressemblent tous, au moins d'une manière générale, au traî-
neau que nous représentons ici (fig. 38), et qui a été dessiné
sur le modèle exposé par M. le professeur Rasch.

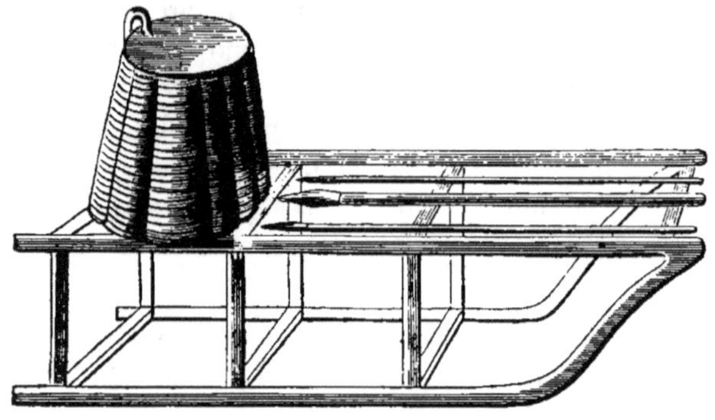

FIG. 38.

Il y avait encore, à l'exposition de Bergen, quelques modèles d'habitations de pêcheurs, telles qu'elles sont établies
aux Lofföten : ce sont des cabanes de bois brut offrant une
chambre ou deux dans lesquelles les pêcheurs viennent passer
la nuit, et qui sont louées à raison d'un à deux species daler
(5 fr. 60 c. à 11 fr. 20 c.) pour la saison, par homme. Ceux-ci

(1) Les filets traités par le cachou et le coaltar, très-employés à Yarmouth
et à Lowestoff, ont, dit-on, beaucoup plus de durée, tout en devenant très-
souples. (BURET.)

apportent avec eux leurs vivres et tous les objets qui leur
sont nécessaires. Du reste, ces maisons sont tout ce qu'il y a
de plus simple et de plus primitif, de même qu'un modèle de
maison russe qui était aussi présenté. Sur des fondements
irréguliers de granit et de gneiss, qui forment un rectangle
solide, on élève quatre murs avec des troncs d'arbres posés
horizontalement les uns sur les autres ; on interpose entre
ces troncs de la mousse qui bouche les interstices par lesquels
l'air et l'eau pourraient pénétrer. Les angles sont affermis
par des entailles faites aux deux bouts des arbres, ce qui permet de les enchâsser les uns dans les autres : quant à la toi-
ture, elle est faite de planches recouvertes de pierres plates,
ou d'écorces recouvertes de gazon.

Lorsque les pêcheurs norvégiens ne peuvent pas descendre
à terre, ou lorsqu'ils sont trop nombreux pour y trouver tous
asile, ils se réfugient dans des *bateaux-auberges*, qui les
suivent sur les lieux de pêche, et où ils trouvent des cou-
chettes et une cuisine. Ces bateaux, dont plusieurs modèles
se trouvaient à l'exposition, sont de véritables pontons qui
rendent ainsi de grands services aux pêcheurs, qui s'y rendent
chaque soir après que la pêche est terminée.

Nous ne pouvons terminer ce travail sans insister sur les
heureux résultats que donne en Norvége l'association, qui
permet aux pêcheurs de grandes économies de temps et
d'argent, et par suite augmente notablement les produits
qu'ils peuvent retirer de leur pénible labeur. Il est à regret-
ter que les quelques tentatives qui ont été faites en France
pour organiser des associations entre pêcheurs n'aient pas
donné jusqu'à présent des résultats satisfaisants, et que l'expérience n'ait pas pu être prolongée assez longtemps pour
en montrer tous les avantages. « Combien nos marins ne
» s'épargneraient-ils pas de mécomptes et de pertes s'ils
» voulaient renoncer définitivement à l'isolement et agir de
» concert ! Il y a longtemps que l'Angleterre expérimente ce
» système, et elle s'y attache de plus en plus, parce qu'elle
» en ressent mieux chaque année les incontestables avantages.
» On n'ignore pas que nos voisins d'outre-Manche, au lieu de

» renvoyer tous leurs bateaux au fur et à mesure au port de
» pêche pour y débarquer leurs produits, n'ont qu'un même
» bateau pour chaque association qui soit chargé de cette partie
» de l'opération; ou bien encore que chaque bateau retourne
» *successivement* au port, à tour de rôle, avec le produit de
» la pêche de tous. Ce bateau s'approvisionne en même temps,
» à terre, de glace, de sel, de barils et de vivres, qu'il porte
» ensuite aux bateaux restés sur les fonds, n'ayant pas inter-
» rompu un seul instant leur pêche.

» Il serait superflu de signaler les économies de temps et
» d'argent, et les chances de réussite plus certaines et plus
» nombreuses qui recommandent cette manière d'agir en
» commun. Tous nos pêcheurs devraient adopter ce système,
» ils y trouveraient une liberté d'action qui leur manque. Ils
» pourraient donner à leurs entreprises les proportions qui
» conviendraient. Ils apprendraient à faire leurs affaires par
» eux-mêmes, sans le secours d'aucun intermédiaire, et ils
» réaliseraient facilement des bénéfices bien supérieurs à
» ceux qu'ils ont tant de peine à obtenir aujourd'hui ! (1) »

COLLECTIONS SCIENTIFIQUES.

L'exposition comprenait plusieurs instruments qui, tout en
pouvant rendre des services à la pêche, doivent être plutôt
considérés comme des instruments scientifiques. Parmi ceux-
ci, nous devons citer un appareil imaginé par MM. Bœck père
et fils, et destiné à donner la profondeur, la direction et la
température des courants. Cet appareil, qui a reçu le nom
de *Strœmmesser* (mesureur de courants), a été fait à l'occasion des recherches si remarquables de M. Bœck fils sur le
développement du Hareng. Il est construit de telle sorte qu'un
mouvement d'horlogerie arrête l'aiguille de la boussole quand
on a atteint la couche d'eau voulue, et donne l'indication de
la direction par la position de cette aiguille par rapport aux
ailes fixes qui représentent les courants.

(1) J. Lebeau et Lonquety aîné, *Rapport sur l'Exposition internationa
de pêche à Bergen*, 1866, p. 44.

M. le professeur Sars avait exposé une drague de petite dimension fort simple, qui lui permet de pêcher, par plusieurs centaines de brasses de profondeur, les animaux les plus délicats, et avec laquelle il a reconnu la grande analogie que présentent la faune de Dröbak, aux environs de Christiania, et celle du Spitzberg.

M. Hjalmar Widegren avait exposé aussi une drague qui lui permet de pêcher au fond des lacs de la Suède, qui offrent en général sur toute leur surface une couche épaisse de boue dans laquelle l'appareil collecteur ne pénètre pas.

La classe A de l'exposition comprenait un grand nombre d'animaux aquatiques à l'état de squelettes, de pièces sèches, de pièces montées ou conservées dans l'esprit-de-vin (1). Cette portion de l'exposition, dont les éléments étaient empruntés en grande partie au musée de Bergen, était vraiment très-attachante pour le naturaliste, qui y trouvait des spécimens d'animaux septentrionaux que l'on ne rencontre guère ailleurs, et donnait une idée très-satisfaisante de la richesse des mers scandinaves en produits alimentaires, depuis les mollusques jusqu'aux gigantesques cétacés. Du reste, en visitant l'ancien bâtiment du musée, auquel l'exposition a dû céder depuis sa place, et qui était ouvert avec la plus entière courtoisie aux visiteurs, on trouvait une collection des plus intéressantes, qui forme en effet une page très-complète de l'histoire zoologique locale. La faune de Bergen et de la Norvége y est représentée par de nombreux échantillons, parmi lesquels nous devons signaler une riche collection d'ornithologie représentant toutes les espèces qui se trouvent

____

(1) Lors de notre séjour à Christiania, M. le professeur Esmark a bien voulu nous faire visiter les collections réunies à l'université, et nous avons remarqué l'agencement imaginé pour faciliter l'étude des objets exposés. Les petits animaux (tels que crustacés, arachnides, etc.), renfermés dans des tubes de cristal, sont maintenus vers la partie moyenne au moyen de fils de verre qui leur traversent le corps sans les détériorer, et permettent de les examiner facilement. Ces tubes sont placés sur des tours mobiles qui, par leur rotation, donnent le moyen de les approcher, suivant les besoins de l'étude, vers la lumière, et facilitent ainsi singulièrement l'étude.

depuis Nord-Cape jusqu'aux régions méridionales de la Norvége, et une réunion très-instructive des animaux inférieurs, annélides, crustacés et rayonnés des fjords et de l'Océan. Nous croyons intéressant de donner ici la liste des animaux qui figurèrent à l'exposition, en indiquant, à côté du nom scientifique, le nom vulgaire norvégien, ayant bien souvent regretté de ne pas trouver la réunion de ces deux déterminations dans le cours de mes travaux.

Mollusques.

Ostrea edulis, L. (*Osters*).
Mytilus edulis, L. (*Blaaskjœl*) (1).
Cyprina islandica, L. (*Skjœl*).
Modiola vulgaris, Flem. (*Skjœl*).
Mya arenaria, L. (*Sandmige*).
Cardium edule, L. (*Hjertemusling*).

Annélides.

Arenicola piscatorum, L. (*Fjœre-mark*) (2).
Eleodone cirrosa, Lamk. (*Blœk-sprutte*).

Crustacés.

Palæmon squilla, L. (*Rœge*) (3).
Homarus vulgaris, M. Edw. (*Hummer*).
Astacus fluviatilis, L. (*Flodkrebs*).
Pandalus borealis (*Svelvigsrœge, Svelvigen*).
Cancer pagurus, L. (*Taskekrabbe, Hövring*).

Poissons.

Petromyzon marinus (*Lamprett*).
— fluvialis (*Flodnegenöe*).
Scyllium annulatum, Nilss. (*Ringhai, Haagjœle*).

Scymnus borealis, Scor. (*Haakjœr-ring*).
Selache maxima, Gun. (*Brygde*).
Squalus carcharias, L. (*Menneskeœrder*).
Lamna cornubica, Schneid. (*Haab-rand*).
Galeocerdo arcticus, Fab. (*Haamœr*).
Acanthias vulgaris, Risso (*Pighai, Hai*).
Raja batis, L. (*Rokke*).
Chimæra monstrosa, L. (*Havkat, Sömuus*).
Acipenser sturio, L. (*Stör*).
Muræna anguilla, L., Anguilla vulgaris, Flem. (*Aal*).
Anguilla conger, L. (*Tange*).
Gadus morrhua, L. (*Kabljau, Torsk*).
— carbonarius, L. (*Sei, graasei*) (4).
— pollachius, L. (*Lyr*).
— æglefinus, L. (*Hyse*).
— minutus, L. (*Sypige, Kolje*).
Merlangus vulgaris, Cuv. (*Hvidling, Hviting*).
— potassoa, Risso (*Kulmule*).
Phycis furcatus, Flem. (*Skjœl-brosme*).

(1) Cette espèce et les suivantes sont employées pour servir d'appâts.
(2) Les deux annélides indiqués ici sont recueillis pour faire des appâts.
(3) Sert quelquefois d'appât.
(4) Un individu empaillé de 1^m,50.

Lota vulgaris, Cuv. (*Lake*).
Molva vulgaris, Nilss., Lota molva, L. (*Lange*) (1).
— Abyssorum , Nilss. (*Kirke-længe*).
Brosmius vulgaris, Cuv. (*Brosme*).
Anarrichas lupus, L. (*Steenbit Hakval*).
Perca fluviatilis, L. *Abör, Abbör*).
Lucioperca sandra, L. (*Gjors*).
Sebastes norvegicus, Cuv. *Ködfisk, Uer*).
— dactylopterus, d. Lar. (*Blaak-jeft, Skjæruer*).
Acerina vulgaris, Cuv. (*Hor, Ruske*).
Labrus maculatus, Bloch (*Berggylt*).
— mixtus, L. (*Rödnæb*).
Acantholabrus exoletus, L. (*Berg-gylt*).
Ctenolabrus rupestris, L. (*Bergnæb*).
Lampris guttatus, Retz (*Laxörje*).
Zeus faber, L. (*St-Petersfisk*).
Platessa vulgaris, Pleuronectes platessa, L. (*Rodspætte , Konge-flyndre*.
Hippoglossus vulgaris, Cuv. (*Qveite, Helleflyndre*) (2).
Pleuronectes microcephalus, Donov (*Mareflyndre, Sandflyndre*).
— flesus, L. (*Krubbe, Sandflyndre*).
Rhombus maximus, L. (*Pighvar*).
— lævis, L. (*Slethvar*).
— megastoma, Donov (*Sjaaflyn-dre*).
Solea vulgaris, Cuv. (*Tunge*).
Scomber scombrus, L. (*Makrel*).

Caranx trachurus, L. (*Pigsild, Stök-ker*) (3).
Thynnus vulgaris, Cuv. (*Makrels-törje*) (4).
Trigla gurnardus (*Knur*).
Phoxinus lævis, Agass., Cyprinus phoxinus, L. (*Oretyte, Gorkym*).
Cyprinus carpio, L. (*Karpe*).
— cephalus, Beck. (*Aarbuck*).
Carassius vulgaris, Cuv., Cyprinus carassius, L. (*Karudse*).
Aspius rapax, P., Cyprinus aspius, L. (*Blaaspol*).
Abramis brama, L., Cyprinus brama, L. (*Brasen*).
Alburnus lucidus, Heck., Cyprinus alburnus, L. (*Löie*).
Leuciscus rutilus, L., Cyprinus ruti-lus, L. (*Mort*).
Harengula sprattus, Clupea sprat-tus, L. (*Brisling*).
Clupea harengus, L. (*Sild*).
— pilchardus, L. (*Pilchard*).
— sardina, L. (*Sardellen*).
Scardinius erythrophthalmus , L. (*Sörv*).
Alausa finta, Cuv. (*Stamsild*).
Engraulis enchrasicholus, L. (*Ans-jos*).
Esox lucius, L. (*Gjedde*).
Belone vulgaris, L. (*Homgjæle, Homgjedde*).
Salmo alpinus, L. (*Röie*).
—eriox, L.(*Graalax, Hunnerörret*).
Salmo ferox, Jard. (*Hunnerörret, Indrööret*) (5).

(1) Un individu empaillé de 0^m,965.
(2) Un individu empaillé de 1^m,32.
(3) D'après M. Baars, ce poisson ne se montre plus sur la côte norvégienne.
(4) Un individu empaillé de 2^m,54.
(5) Un spécimen de cette espèce, provenant du Laagen, près de Lille-hammer, qui débouche à l'extrémité septentrionale du lac Mjosen, pesait 24 livres norvégiennes (11 kilogrammes environ).

Salmo fario, L. (*Fieldörred*, *Fo-relle*).
— salar, L. (*Hagelax*, *Stir*, *Lax*).
— trutta, L. (*Laxörred*, *Süretten*).
Osmerus eperlanus, L. (*Slom*, *Nors*).
Argentina silus, Nilss. (*Guldlax*).
Thymallus vulgaris (*Harren*).
Coregonus lavaretus, L. (*Sik*).
— oxyrhynchus, L. (*Storsik*).
— albula, L. (*Lakesik*).
Silurus glanis, L. (*Malle*).

Mammifères.

Phoca barbata, Fabr. (*Storkobbe*, *Blaakobbe*) (1).
Phoca grœnlandica, Müll., Pagophilus grœnlandicus, Fabr. (*Unge*).

Callocephalus vitulinus, L. (*Steen-kobbe*) (2).
Cystophora cristata, Erxl. (*Klap-mydse*).
Trichecus rosmarus, L. (*Hvalros*) (3).
Delphinapterus leucas, Pall. (*Hvid-fisk*) (4).
Phocæna communis, L. (*Nise*) (5).
Delphinus acutus, Gray (*Hvidsjœr-ning*) (6).
Balænoptera rostrata, Fabr. (*Vaa-gehval*) (7).
Balænoptera musculus, Comp. (*Rörh-val*, *Langrör*).
Sibbaldus laticeps, Gray (*Sildehval*).
Orca grampus, Desm. (*Spœkhugger*, mangeur de lard).
Monodon monoceros, L. (*Narh-val*) (8).

Nous devons une mention toute particulière à trois collections d'un haut intérêt scientifique, qui étaient exposées à Bergen : nous voulons parler de la série du développement de

(1) L'exposition comprenait une série très-curieuse de fœtus de divers cétacés, recueillis sur les côtes de Norvége et rapportés par des pêcheurs désireux de contribuer à l'augmentation du musée de la ville. (Du reste, c'est grâce à des dons volontaires de tous les habitants qu'il a été possible de réunir les nombreux matériaux ethnographiques et d'histoire naturelle qu'il présente, chacun ayant rivalisé pour lui fournir ce qu'il possédait de plus précieux.) C'est ainsi que nous avons pu avoir un embryon de *Phoca barbata* de $0^m,40$, tandis que dans une vitrine voisine se trouvait un individu empaillé de $2^m,20$.

(2) Un embryon conservé dans l'alcool mesurait 5 à 6 centimètres; un spécimen empaillé de $2^m,30$.

(3) Un embryon de $0^m,075$ et un autre de $0^m,20$.

(4) Un individu de $4^m,10$.

(5) Un individu de $1^m,37$.

(6) Un individu de 2 mètres 60 centimètres.

(7) Une collection de fœtus depuis 4 centimètres jusqu'à 1 mètre et demi. Un spécimen de squelette d'un individu pêché dans les environs de Bergen indiquait un animal de près de 8 mètres de long.

(8) Un beau squelette de cet animal, dont la chair est très-estimée des

la Morue, présentée par M. O. Sars, du Hareng par M. A. Bœck, et de la Truite par C. Vogt. Pour chacun de ces poissons, on avait mis sous les yeux du public une série de dessins représentant l'histoire de son développement, depuis l'état vésiculaire dans l'œuf jusqu'au moment de l'éclosion, et les divers aspects que le poisson peut offrir jusqu'au moment où il a pris la livrée de l'âge adulte. Non-seulement chaque dessin indiquait une de ces phases, mais au-devant était placé un bocal renfermant, à plusieurs exemplaires, l'objet qui y était représenté. L'utilité de travaux de ce genre, parfaitement appréciée du gouvernement norvégien, qui en a pris l'initiative, est trop évidente pour que nous tentions de la faire ressortir, et nous devons exprimer le vœu que dans un avenir prochain les travaux de MM. O. Sars et A. Bœck soient publiés, et puissent ainsi rendre, en étant livrés au public, tous les services qu'on est en droit d'en attendre partout où l'on s'occupe de la pêche de la Morue et du Hareng.

Un fait très-important, sur lequel nous ne devons pas manquer d'appeler l'attention de la Société, est l'obtention par M. O. Sars de fécondation artificielle de Morues, comme en témoignaient plusieurs exemplaires exposés (1).

Auprès de ces collections se trouvait une série de métis de

Groenlandais et des Esquimaux, qui la mangent séchée et fumée, et qui emploient certaines parties des intestins pour faire des cordes très-résistantes, tandis que les dents sont usitées pour armer l'extrémité des flèches et des harpons.

(1) Divers bocaux offraient des spécimens de : 1° œufs de Morue artificiellement fécondés, trois ou quatre heures après l'opération, et offrant le commencement de division du disque germinatif ; 2° œufs artificiellement fécondés, onze à douze heures après l'opération, et offrant la division du disque germinatif ; 3° œufs artificiellement fécondés, après deux ou trois jours, offrant une division plus grande du disque ; 4° œufs après quatre jours d'incubation, offrant la division parfaite du disque ; 5° œufs huit jours après la fécondation artificielle, montrant le fœtus déjà bien formé ; 6° œufs seize jours après l'incubation, offrant l'alevin parfaitement développé et près de rompre ses enveloppes ; 7° jeunes Morues nées le dix-septième jour après la fécondation artificielle.

Salmo fario et *alpinus*, présentés par M. Hanson et dont nous avons déjà parlé (voy. p. 14), mais dont nous devons rappeler ici le souvenir en énumérant les richesses scientifiques réunies à l'exposition de Bergen.

Il se trouvait à l'exposition de Bergen un certain nombre d'ouvrages sur la pêche (1), mais malheureusement tous étaient imprimés en langue norvégienne, suédoise, hollandaise ou russe, ce qui ne nous a pas permis de recueillir bon nombre de documents intéressants qui s'y trouvaient réunis, malgré le secours obligeant de MM. H. Baars, Ch. Defrance et Schancke. Nous avons cependant remarqué avec plaisir qu'un certain nombre de ces ouvrages avaient été composés en vue de la vulgarisation des notions utiles pour les pêcheurs, et nous ne pouvons nous empêcher d'exprimer le regret que nous n'ayons pas encore en France de *livres populaires* faits en vue de nos populations maritimes et de l'instruction nécessaire qu'elles devraient y trouver.

Nous ne pouvons non plus passer sous silence l'impression que nous avons ressentie quand nous avons constaté à quel point l'instruction (2) est répandue en Norvége, où nous n'avons trouvé personne qui ne sût au moins lire et écrire, et quand nous avons observé, chaque dimanche, à l'exposition,

---

(1) Eilert, Sundt, *Om Kystbedriften.*

    Id., *Paa Havet.*

    G. Hetting, *Veiledning til Indretning of Udklœkningsanlœg of.*

    H. Widegren, *Bidrag til Kundskaben om Sveriges Salmonider samt nye Bidrag.*

    Alex. Schultz, *Die Fischereien im weissen Meere, im nördlichen Ocean und in den Zuflüssen desselben.*

    Id., *Die Fischereien im Caspischen Meere und in den Zuflüssen desselben.*

(2) Le niveau de l'instruction publique en Norvége, chez les populations maritimes, est plus élevé qu'en France; car elle y est obligatoire pour tous et amène de grands avantages, en encourageant une vie mieux réglée. A Bergen, la société de secours mutuels des ouvriers, sous l'inspiration de M. H. Baars, s'est fait construire un lieu de réunion où se trouve une bibliothèque affectée à l'usage de ses membres, et dans laquelle, lors de notre séjour, avait lieu une exhibition de tableaux.

les pêcheurs qui venaient la visiter suivis de leur famille. Ces braves gens s'arrêtaient avec une intelligente attention devant les spécimens soumis à leur examen, semblaient en étudier les détails avec le plus vif intérêt ; et nous avons bien souvent regretté notre ignorance de la langue norvégienne, quand s'élevait entre eux quelque grave discussion sur les mérites ou les défauts de l'objet dont ils voulaient se rendre compte : nous eussions pu faire notre profit de remarques judicieuses et qui étaient le résultat de connaissances pratiques mises chaque jour en usage !

En résumé, l'exposition internationale de Bergen renfermait les éléments très-nombreux d'instruction dont nous avons cherché à donner un compte rendu satisfaisant à la Société d'acclimatation, à qui nous devons d'avoir pu connaître les procédés de pêche mis en pratique par les Norvégiens et les peuples du Nord, si bien placés pour tirer des eaux tous les produits qu'elles peuvent donner. Nous sommes heureux de lui en témoigner aujourd'hui toute notre reconnaissance, et notre plus vif désir est qu'elle ne trouve pas notre travail au-dessous de ce qu'elle était en droit d'attendre de nous.

Qu'il nous soit permis aussi, en terminant, de donner encore un témoignage public de notre reconnaissance envers nos compatriotes M. Favin-Lévesque, commandant la frégate française *la Pandore*, et MM. Defrance et Bouilly, qui nous ont accueilli avec la plus grande bienveillance et nous ont fourni de précieux renseignements. Nous devons aussi adresser nos plus sincères remercîments à MM. Schancke, consul de France à Bergen, Rosenkilde, consul de France à Stavanger, Hiortdalh, Wingaard, H. Baars, Rasch et Hetling, qui ont mis l'obligeance la plus grande à nous aider dans nos travaux et nous ont accueilli avec la plus grande sympathie (1).

(1) Nous recevons à l'instant un travail très-remarquable de M. H. Baars sur *les pêches de Norvége*.

FIN.

TABLE DES MATIÈRES

Paris. — Imprimerie de E. MARTINET, rue Mignon, 2.